營養師研發的 健 康 副 食 品

寶寶營養常備菜

一次做好 7 天份 & 輕鬆

管理營養師 中村美穗 著

瑞昇文化

☺ 前言

　　離乳期的副食品是，幫助寶寶成長、訓練寶寶咀嚼能力的重要食物。儘管如此，許多媽咪在副食品的製作上仍然會有很多不安和困惑，雖然每一餐的分量都不多，但製作上卻相對的費時費力。為了隨著寶寶的成長和發展，掌握每個階段的副食品製作重點，並且更有效的製作出美味的副食品，我個人建議採用「冰磚副食品」的作法。不僅省時、省力，也能夠以當季食材為主，盡可能的簡單調理，這樣一來，既不會對寶寶的小小身軀造成負擔，也可以培養出即使口味清淡卻仍可以吃出美味的味覺。

　　本書介紹的各季食材種類、分量或顆粒大小等，僅供參考。因為寶寶也跟成人一樣，每個寶寶的身體大小、飲食方式、每餐分量等，都有著各不相同的「性格」，而且有時也會因當天的心情或身體狀況而有食不下嚥的情況。能夠讓各位媽咪在看顧寶寶的同時，以稍微放鬆且勇往直前的心情，陪伴寶寶一起度過離乳期，就是我最大的喜悅。

中村美穗

快樂吃飯的時間，現在開始♪

本書的閱讀方法

阿~

副食品的進展方式

本書基本上係根據日本厚生勞動省所頒布的「餵奶與離乳的支援指南」（2007年版）所編寫而成，但各月齡的副食品軟硬度、分量及餵食標準僅供參考。由於副食品的餵食階段有個人差異，因此，請配合寶寶的情況酌情調整。

副食品的4個階段和月齡標準

副食品的進展大致分成4個階段。本書將依各個月齡，介紹一週分量、每餐分量的食譜。

5~6個月 吞嚥期	7~8個月 含住壓碎期	9~11個月 輕度咀嚼期	1歲~1歲6個月 用力咬嚼期
▲副食品 1天1~2次	▲副食品 1天2次	▲副食品 1天3次	▲1天3次 ＋補食

※本書介紹1餐量的菜單。

星期一~五 冷凍副食品的菜單

介紹使用預先處理好的冷凍食材，瞬間製作完成的食譜。

一週份菜單所準備的食材

星期一~五使用的冷凍食材，和罐頭、乾貨或調味料等非冷凍食材的清單，以及六、日的速成食材可使用的食材清單。

星期六日 速成副食品的菜單

介紹使用罐頭或乾貨等保存食材或保存期限較長的蔬菜，在短時間內便可製作完成的食譜。

用顏色來區分食品群組

評估營養均衡時，請作為參考（詳細請參考P.8）。

■ 熱量來源食品　　　　■ 蛋白質來源食品
■ 維他命、礦物質來源食品　　■ 其他

◆標記是指非冷凍食材。顏色區分與上述相同。

其他的規則

●一杯＝200ml、1大匙＝15ml、1小匙＝5ml。另外，「1匙」代表1小匙的意思。
●若沒有特別記載，材料的分量為1餐量。
●若沒有特別記載，材料的公克數一律為淨重（扣除掉外皮等）。
●微波爐的加熱時間為使用600W的情況。加熱時間會因機種、瓦數而有不同，因此，請一邊觀察情況，一邊稍做調整。請務必使用微波爐可使用的容器（耐熱容器）。
●如用微波爐加熱液體，恐怕會引起劇烈的沸騰，導致液體飛濺（突沸）。處理時請特別留心，避免燙傷。
●材料的「高湯」指柴魚片或昆布熬煮的湯。「蔬菜湯」是指高麗菜、胡蘿蔔等蔬菜燉煮的湯。請使用親手製作的食品或嬰兒食品，不要使用市售的高湯粉。
●材料的「麵粉」使用低筋麵粉。
●食材基本上要加熱調理。副食品不使用生雞蛋、生魚等食材。魚刺要確實清除乾淨。
●擔心有食物過敏問題，或醫師診斷有過敏問題時，請遵從醫師指示，進行調理與攝取，不要自行判斷。

不管是忙碌的平日或是有預定事項的假日都可助上一臂之力！

靠冷凍&速成副食品 度過一星期

一~五　六日

? 副食品什麼時候開始吃？ 該怎麼進展？

副食品從5～6個月開始，
一點一滴的「練習吃」

寶寶首次嘗試的副食品，對新手媽媽&爸爸來説，完全是一團迷霧。
首先，先來了解大致的流程吧！

配合寶寶的月齡和狀況，
不急躁的慢慢進展吧！

　　母乳和配方奶富含各種寶寶所需的營養，是最適合低月齡寶寶的食物。可是，逐漸茁壯成長的寶寶，大約從6個月開始就需要更多的營養素，如果不透過食物攝取，就會形成營養不良。話雖如此，如果突然讓只會喝液體的寶寶吃成人的食物，不僅寶寶不會咀嚼，同時也無法消化。因此，為了讓寶寶從「喝的食物」開始慢慢轉換成「吃的食物」，就必須設定所謂的「離乳」期間。

　　副食品的進展要一邊觀察寶寶的舌頭動作和咀嚼能力，分成4個階段來推動。發展逐漸漸入佳境的情況不少，不過，停滯不前或是退步的情況也相當常見。依照寶寶的情況，讓寶寶享受離乳期的新奇，不要過分急躁，慢慢的往前邁進吧！

? 為什麼需要副食品

**❶為了攝取
成長所需的營養**
隨著寶寶的成長，如果單靠母乳或配方奶，就會導致營養不足。因此，必須靠副食品來補充營養。

啊唔！

**❹為了體驗
吃飯的樂趣**
和家人一起圍著餐桌吃飯，讓寶寶對吃飯產生興趣，體驗「吃飯的樂趣」。

咬咬 咬咬

**❷為了培養咀嚼力，
自己吃飯的能力**
副食品可以讓寶寶練習咀嚼吞嚥有形狀的食物，也可以讓寶寶練習使用自己的手或湯匙吃飯。

我聞～
動啦！

**❸為了培養
更多元的味覺**
離乳時期可以體驗各種不同的食材風味，讓寶寶對食材的味道和香氣更加敏感。

長牙囉♪

6

副食品分成 **4** 大階段！

5～6 個月
吞嚥期

先練習 吞嚥食物

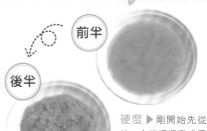

前半

後半

副食品的硬度和大小

● 只喝母乳、配方奶的寶寶，舌頭只會往前後移動，所以剛開始只會用舌頭舔食物，不過，在持續餵食副食品之後，寶寶就會讓嘴唇緊閉，用舌頭把嘴裡的食物往內推，學會吞嚥的動作。

● 這個時期的寶寶還坐不太穩。吃飯的時候，抱著寶寶，慢慢餵食吧！

硬度 ▶ 剛開始先從濃湯程度的濃稠度開始，之後慢慢變成優格程度的硬度。

大小 ▶ 從磨碎或過篩的糊狀開始，稍微保留碎粒。

7～8 個月
含住壓碎期

用舌頭 壓碎柔軟的碎粒

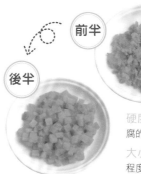

前半

後半

副食品的硬度和大小

● 打開上下顎的間隔，擴大嘴裡的空間。舌頭不光只會前後移動，還會上下活動，所以如果有柔軟的碎粒，就會用舌頭把食物推向上顎，壓碎成可以吞嚥的程度。

● 已經可以自己坐穩，可以讓寶寶坐在兒童坐椅等地方吃飯。

硬度 ▶ 以能夠用舌頭和上顎壓碎的嫩豆腐的硬度和滑嫩為標準。

大小 ▶ 壓碎至稍微保留些許食材形狀的程度，再加以切碎。

9～11 個月
輕度咀嚼期

用牙齦 咀嚼食物

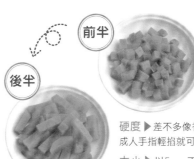

前半

後半

副食品的硬度和大小

● 舌頭開始會左右移動，沒辦法利用舌頭和上顎壓碎的食物，就用舌頭挪移到牙齦上面，再用臉頰和舌頭夾住，用牙齦壓碎。

● 用手抓著吃，或是拿著杯子或碗，開始練習喝液體的最佳時期。

硬度 ▶ 差不多像香蕉那樣的柔軟硬度（用成人手指輕捏就可捏碎的程度）。

大小 ▶ 以5mm丁塊為標準，也可以試著切成棒狀，讓寶寶拿著啃咬。

1歲～ 1歲6個月
用力咬嚼期

強化一口 咬下的力量， 也可強化握力

前半

後半

副食品的硬度和大小

● 舌頭已經可以前後、上下、左右自由活動。上下的門牙已經長齊，已經可以一口咬下較柔軟的食物。

● 抓握的方式變得更有技巧，也更善於使用湯匙或叉子。

硬度 ▶ 以肉丸程度的硬度為標準。

大小 ▶ 基本上切成1cm左右的丁塊，也可以切成長4cm左右的條狀，讓寶寶抓握著吃。為了練習咬嚼，也可試著切片或滾刀塊等各種不同的形狀。

? 營養均衡該怎麼規劃？

以「有主食、主菜、配菜的菜單」作為基礎吧！

了解均衡營養的基礎，幫助寶寶穩健成長吧！

只要透過1天3餐，或是一整個星期來調整營養均衡就OK

從一天2次副食品的7～8個月大開始，就要慢慢注意營養均衡的部分。簡單調整均衡營養的重點如下所介紹的，就是要具備「主食、主菜、配菜」三個部分。即便如此，仍不需要擔心，是否必須花費更多時間來準備餐餐營養均衡的『全套副食品』。只要試著以一天或一週為單位，回頭檢視菜單，讓寶寶可以攝取到均衡的營養，吃到更多不同的食材，就沒問題了。媽媽如果覺得「副食品好麻煩……」，寶寶也會吃得不愉快，所以請抱持著愉悅的心情製作副食品吧！

例如，以P.47的例子來說…以「胡蘿蔔洋蔥的麵包粥」作為主食和配菜，再搭配上主菜「魩仔魚蕪菁牛奶湯」。

〔就算不準備三種也OK〕

雖說是「有主食、主菜、配菜的菜單」，但未必非要準備三碗不可。一碗加了蔬菜的粥，就可以當成「主食＋配菜」。有時還會有包含三種要素的蓋飯（丼物）！

用三種類別的食材實現營養均衡◎

主食

熱量來源

提供身體和大腦活力

米、麵包、麵條、麵粉、玉米片、薯類等，富含碳水化合物的食材。是為大腦和身體帶來活力並產生體溫的熱量來源。其中，白米對寶寶的消化系統造成的負擔較少，因此，副食品都是先從米粥開始。

主菜

蛋白質來源

製造肌肉或血液等身體組織

肉、魚貝、雞蛋、牛乳、乳製品或黃豆、黃豆製品等，富含蛋白質的食材。是製造肌肉和血液的來源。在副食品當中，要從豆腐或雞柳等脂質較少的食材開始少量餵食，讓寶寶慢慢習慣。要注意適量攝取，避免攝取過多或不足。

配菜

維他命、礦物質來源

調整身體狀態

蔬菜、香菇、水果、海藻等，富含維他命、礦物質的食材。調整身體的狀態，提高免疫力。各種食材所含的維他命和礦物質種類各不相同。攝取各式各樣的食材，比較容易調整均衡營養。

均衡營養就依月齡來評估吧！

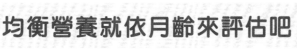

5~6 個月
吞嚥期

主要營養仍來自於母乳或配方奶

●即便已經開始餵副食品，這個時期的營養來源仍然以母乳、配方奶為主。就先把副食品當成訓練吃飯用的食物來看待吧！

●不需要在意分量的多寡，但如果每次寶寶哭就餵奶的話，有時會讓寶寶因為飽足感而吃不下副食品。預先排定餵奶和副食品的時間標準，注意生活步調的養成吧！

副食品 1天 1~2次

◆主食（以10倍粥來説）
…從1小匙開始，約2~3大匙左右
◆主菜（以魚來説）
…從1小匙開始，5~10g左右
◆配菜（以蔬菜來説）
…從1小匙開始，10~20g左右

7~8 個月
含住壓碎期

變成兩餐後，開始留意營養均衡

●副食品變成1天2次，從副食品攝取營養素的比例增加。必須開始注意營養均衡的問題。

●可以吃的食材種類增多，但另一方面也會出現味道好惡，或是無法接受新食材的情況。讓寶寶享受成長的過程，多體驗各種不同的食材吧！

副食品 1天2次

◆主食（以7倍粥來説）…50~80g
◆主菜（以魚來説）…10~15g
◆配菜（以蔬菜來説）…20~30g

9~11 個月
輕度咀嚼期

來自副食品的營養佔一半。設計營養均衡的菜單。

●變成1天3餐，分量也增加許多，因此，營養均衡變得更加重要。有效地利用冷凍，或是採用1道料理兼具主食、主菜、配菜的菜單等方式，巧妙調整營養均衡。

●因為正處於成長茁壯，鐵質往往不足的時期，所以要注意採用紅魚肉、紅肉、黃豆、羊栖菜、日本油菜等富含鐵質的食材。

副食品 1天3次

◆主食
（以5倍粥來説）…80g
（以軟飯説）…80g
◆主菜（以魚來説）…15g
◆配菜（以蔬菜來説）…30~40g

1歲~ 1歲6個月
用力咬嚼期

靠三餐＋點心，攝取必要的營養

●大部分的營養都來自於飲食，但因為胃還很小，所以沒辦法一次吃太多，所以除了1天3餐之外，還要利用1~2次的點心（＝補食）來補給營養。

●調整飲食、睡眠、玩樂之類的生活節奏，注意讓寶寶吃得美味又玩得開心。尤其早餐是建立生活步調所不可欠缺的。

副食品 1天3次 ＋補食

◆主食
（以軟飯來説）…90g
（以白飯説）…80g
◆主菜（以魚來説）…15~20g
◆配菜（以蔬菜來説）…40~50g

食材的增加方法&調味要這樣做！

食材 ‖ 調味料、油

5～6 個月 吞嚥期

●先從不會對寶寶腸胃造成負擔的米粥開始，然後再慢慢添加可以稠化且沒有澀味的蔬菜。以1個月後為標準，少量添加有助於消化吸收的豆腐或白肉魚等食材。

最初從米粥開始

●鹽分攝取太多，會對寶寶的腎臟造成負擔。讓寶寶體驗不使用調味料的食材原味。寶寶食慾不佳時，只要在烹煮蔬菜時，加入高湯昆布一起烹煮，就可以增添風味，增加食慾。

昆布和蔬菜一起烹煮，然後在中途取出，就可以了！

7～8 個月 含住壓碎期

●可以增加吐司、烏龍麵、細麵，利用主食讓菜單有更加豐富的變化。

●也可以增加雞柳、鮪魚等蛋白質來源的變化。雖然已經可以開始吃雞蛋了，但務必要確實煮熟。

雞蛋從蛋黃開始吃

●繼續不使用調味料，運用食材或高湯、蔬菜湯的風味，製作副食品。食慾不佳時，也可以加點柴魚片、青海苔、黃豆粉等來增添風味。

增添風味，也能攝取營養！

9～11 個月 輕度咀嚼期

●可以慢慢把竹莢魚或秋刀魚等青魚，或牛、豬等紅肉加進料理裡面。

●也可以使用香菇、海藻，烹煮軟化後，再切成細碎。

香菇或海藻先從少量開始

●因為可以開始使用少量的油或奶油，所以可以在菜單裡加入烤或炒的料理。

●如果只是增添風味，可以使用少量的鹽巴、醬油、砂糖等調味料。

1歲～ 1歲6個月 用力咬嚼期

●點心（補食）習慣也是飲食的一部分。建議採用營養豐富的水果來當成點心，水果的香甜是蔬菜無法取代的。不過，仍要注意避免攝取過多的糖分。

●萵苣或小黃瓜快速加熱後，也可以讓寶寶品嚐。生吃的話，建議2歲以後再開始。

●訓練寶寶用杯子喝牛奶（先從50ml的溫牛奶開始）。

●為了增添風味和增加濃郁，可以使用少量的美乃滋、番茄醬、醬料或醋。外觀雖然接近成人的飲食，但味道方面仍要維持清淡。

●也可以讓寶寶吃油炸物，但要注意避免油脂攝取更多。

有沒有喜歡的調味？

❓ 開始吃副食品時，需要什麼？

準備調理、
吃飯用的道具

如果有方便的調理道具或適合寶寶的餐具，製作副食品、餵飯也會變得更加輕鬆！

製作副食品時的必須＆好用道具！

小鍋、平底鍋

大鍋容易焦黑，使用小鍋比較方便。平底鍋也建議採用直徑20cm左右的小尺寸，會比較容易調理。

砧板、菜刀

調理少量食材的副食品時，用迷你砧板就能輕鬆搞定。

😊 砧板分別以「肉、魚用和以外食材用」或「加熱前用和加熱後用」2種方式分類，會比較衛生。

濾網、調理碗

只要備妥迷你尺寸的濾網、調理碗，就會相當便利。

😊 食材過篩的時候，也可以使用濾網（→參考P.12）。

電子秤、量杯、量匙

電子秤建議採用最小可測量0.1g單位的電子秤。量杯只要有200ml就OK了。為正確測量調味料，湯匙同時備妥1大匙、1小匙、1/2、1/4幾種尺寸尤佳。

廚房剪刀

可把食材剪碎，而不需要使用菜刀。剪昆布等略硬的食材時，也相當方便。

磨泥器

把食材磨成泥的時候使用。市面上有附承裝盤或板狀的種類，請選購容易使用的種類。

研缽、搗杵

離乳初期，把食材搗碎時使用。

😊 就使用的分量和清洗容易度來看，手掌大小的種類比較方便。

迷你搗碎器

直徑5cm左右的迷你搗碎器。把放進小鍋或迷你調理碗裡的少量食材壓碎時，相當好用。

迷你打泡器

除了用來混合少量液體之外，把豆腐那樣的柔軟食材粗略搗碎時，或是混合粥類時，也可以隨心所欲的使用。

準備適合寶寶的湯匙和叉子吧！

剛開始準備的湯匙是⋯

從側面看⋯

❶ 在寶寶還不習慣吃東西的5～8個月時期，建議採用容易撈取食物，挖勺較小且平坦的湯匙。

從側面看⋯

❷ 9～11個月逐漸習慣吃東西，一口分量增加之後，就可以變成挖勺凹陷的湯匙。

自己有辦法握持餐具後⋯

自己有辦法握持餐具之後，就可以準備寶寶容易握持的湯匙或叉子。

😊 其他需要的餐具

有效運用防止髒汙的圍兜。市面上有防止食物掉落的口袋型圍兜、容易清洗的樹脂材質、連頸部都能完整覆蓋的服裝型圍兜等豐富的種類。餐具也要選用寶寶容易吃的深度和形狀。

 副食品和成人食品的調理有什麼不同？

了解配合寶寶發展的調理法

加熱食材是副食品的基本。加熱後，再調理成符合寶寶發展的形狀。

最基本的調理法

過篩

趁熱的時候，把烹煮軟化的蔬菜放進濾網或篩子，用湯匙的背部等壓碎食材。水煮蛋的蛋黃、草莓也一樣。

◀只要使用濾網，就可以更快速過篩，使食材更柔滑。

磨碎

把烹煮軟化，切成小塊的食材放進研缽，以由上往下搗壓的方式，用搗杵壓碎食材。食材變成碎粒後，以畫圓方式轉動搗杵，搗磨食材。

搗碎

只要使用搗碎器，就可以簡單&快速壓碎食材。如果少量的話，也可以使用叉子。

➡一餐量也可以用保鮮膜包裹，用指尖壓碎。

磨泥

柔軟的蔬菜或水果，以纖維呈直角的方式，按壓在磨泥器上面，一邊搓磨成泥。麵麩或凍豆腐等乾貨，要在泡軟前預先搓磨。

切碎菜葉

烹煮軟化，把水確實擠乾後，從邊緣開始切碎，接著把方向轉90度，進行相同的切碎。透過切斷縱橫兩方的方式，就可以切斷纖維，讓菜葉更容易食用。

搓散

魚加熱後去除魚刺，用叉子前端搓散魚肉。雞柳烹煮後，沿著纖維，用手撕裂成小塊後，就能簡單撕成細絲。之後若有需要，就再進一步切碎。

稀釋

在磨碎、過篩的食材裡面，加上蔬菜湯、日式湯稀釋食材，使食材更容易吞嚥。一邊添加水分，一邊調整成適合寶寶食用的鬆軟度。

☺烹煮沒有澀味的蔬菜時，也可以使用烹煮食材的煮汁。可以同時攝取到湯裡面的營養素和鮮味，可說是一舉兩得。

拌

優格、嫩豆腐、納豆、馬鈴薯等食材，和鬆軟食材（肉、魚、水煮蔬菜等）混合之後，會變得更加濕潤或是濃稠，更容易入口。

只要學會，
副食品製作
就更輕鬆♪

勾芡

方法①

預先製作芡汁

❶單次分量：把1大匙水和1/2小匙太白粉混合在一起。用微波爐加熱20秒，製作出芡汁（因為分量極少，所以建議用微波爐製作）。

❷加熱後，加入蔬菜、肉或魚等食材，混合攪拌。

方法②

在調理中途

在食材解凍的容器裡，混入太白粉水（單次分量：太白粉1/8小匙＋水1/4小匙）。用微波爐加熱30秒，勾芡（用鍋子調理時，把太白粉水淋入煮沸的煮汁裡，充分攪拌）。

☺ **把它記下來吧！**

分量以太白粉1比水2的比例為基本。調理時要慢慢加入，充分混合攪拌後，再次加熱。這個時候，如果加熱不足，就無法做出勾芡。

不需要用水溶解，可直接使用勾芡專用的太白粉也相當便利！

加熱前的預先處理也很重要！

番茄剝皮、去籽

❶去除蒂頭，用菜刀在數個地方稍微切出刀痕。

❷用叉子插著，放進沸騰的熱水裡，外皮就會掀起。

❸用冷水浸泡後，就能簡單剝掉外皮。

❹切成適當的大小，用湯匙把種籽挖出。

☺ 寶寶1歲之前，番茄皮和種籽都必須加以去除。

去除澀味

菜葉蔬菜川燙後泡冷，薯類去皮後，在加熱前暫時泡水一段時間，就可以去除澀味。不管是哪一種，只要快速清洗後，就可以馬上撈起。

去鹽（鯽仔魚乾）

寶寶5～6月的時期，要把鯽仔魚乾和水放進調理碗，蓋上保鮮膜，用微波爐加熱1分鐘，進行殺菌和去鹽。

寶寶7個月之後，只要放進濾茶網，用熱水沖淋就可以了。

去油（鮪魚或雞柳等罐頭）

放進濾網，淋上熱水，再把水分瀝乾。

☺ 即便是無油的情況，也要採用相同的方式去鹽。9個月以後，可以瀝乾湯汁，直接使用。

❓ 開始製作副食品的媽媽&爸爸 最初製作的菜單
粥、軟飯的製作方法

米飯是日本人的主食,所以副食品要從粥開始。
依照發展的階段,逐漸減少水量。

只要學會這個,就可以在副食品上加以應用!

基本的5倍粥

5倍粥整個離乳時期都可以使用,可以當成粥、軟飯的基底。只要用熱水加以稀釋,就可以變成10倍粥或7倍粥,混入正常炊煮的白飯,就可以變成軟飯。

材料 **準備正常炊煮的白飯:水=1:2**的容量
〔容易製作的分量〕 白飯200ml=160g:水400ml。月齡9～11個月約6餐份。用白米製作時,分量請參考右表。

1 把白飯和水放進鍋裡,浸泡20分鐘。

2 開大火烹煮,沸騰後,改用小火,蓋上鍋蓋,偶爾掀蓋攪拌,加熱約20分鐘。如果有溢出的可能,就把鍋蓋挪開。
※用白米製作時也是同樣的調理方式,加熱40分鐘左右。

3 掀開鍋蓋,快速攪拌(如果攪拌太久,就會產生黏性,要多加注意)。再次蓋上鍋蓋,悶煮10分鐘後完成。

⬇製作10倍粥
把1大匙的5倍粥磨碎,用1大匙的水稀釋(月齡5～6個月,用白飯50ml=43g:水100ml製作5倍粥,再用相同分量的熱水稀釋,約可製出1週分量)。

⬇製作7倍粥
用1大匙的熱水稀釋2大匙的5倍粥。

⬇製作軟飯
把1大匙的5倍粥混進成人用的白飯4大匙裡面,調整硬度。

用飯鍋煮粥

把淘洗後瀝乾水分的白米和指定分量的水放進鍋裡,設定炊煮至5倍粥的白粥模式,軟飯就設定成炊飯模式。炊煮完成後,混合攪拌,不使用保溫模式,直接在鍋裡燜蒸30分鐘冷卻。

白粥的水量增減

白粥的種類	米:水 (容量比和容易製作的分量)
5～6個月 **10倍粥**	**1:10** (30ml=26g:300ml)
7～8個月 **7倍粥**	**1:7** (100ml=85g:700ml)
9～11個月 **5倍粥**	**1:5** (200ml=170g:1l)
1歲～1歲6個月 **軟飯**	**1:2** (30ml=255g:600ml)

用微波爐製作軟飯

只要在成人用白飯裡加點水,就可以製作出軟飯,所以這種方法最適合。可以短時間製作完成,也是令人相當開心的部分。

材料 **準備白飯:水=1:1.2**的容量
〔容易製作的分量〕 白飯200ml=160g:水240ml。月齡1歲～1歲6個月約4餐份。

1 把白飯和水放進容量2ℓ左右的耐熱調理碗混合,輕輕覆蓋上保鮮膜,用微波爐加熱5分鐘。

2 為避免加熱不均,稍微將整體混合,再進一步加熱5分鐘。之後,燜蒸10分鐘,一邊放涼後,白飯會吸收水分,變得更加鬆軟。

最基本的常識
副食品基礎之 Key

可應用於各式各樣的菜單！

日式高湯、蔬菜湯的製作方法

**副食品以清淡為基礎，
所以誘出食材原味的高湯、蔬菜湯格外重要。**

日式清湯

寶寶開始吃副食品，經過1個月，逐漸習慣副食品後，就可以使用高湯，提升食物的鮮味。學習日本飲食文化中不可欠缺的日式高湯的製作方法吧！

●5～6個月開始　昆布高湯●

材料〔容易製作的分量〕　**高湯昆布**…4cm方形1片　**水**…200ml

把水和昆布放進鍋裡，浸泡30分鐘左右。開小火烹煮，產生氣泡後，關火，取出昆布。

●7～8個月開始　昆布&柴魚高湯●

材料〔容易製作的分量〕　**高湯昆布**…4cm方形1片
柴魚…一小撮
水…200ml

1　把利用上面方法製作的昆布高湯加熱，沸騰後，加入柴魚，關火。直接放涼。

2　在調理碗上面重疊濾網，加以過濾。

蔬菜湯

富含蔬菜甘甜和豐富營養的湯，可以利用烹煮蔬菜的時候『順便』製作。把食材稀釋成容易食用的硬度時可以使用，也可以直接飲用，用來補充水分。

材料〔容易製作的分量〕　**胡蘿蔔**…30g　**白菜**…30g　**水**…400ml
（胡蘿蔔、洋蔥、蕪菁、白菜、高麗菜等沒有太多澀味的蔬菜比較適用。只要用當下現有的蔬菜就OK）

1　蔬菜切成大人的一口大小程度。

2　把蔬菜和水放進鍋裡加熱，直到蔬菜變軟為止。在烹煮中途確認情況，如果有浮渣就加以撈除。

3　把濾網重疊在調理網上，把鍋子裡的湯和食材倒進濾網過濾。

4　煮汁當成蔬菜湯使用，烹煮好的蔬菜也可以當成副食品的材料使用（照片是5～6個月用的食物泥）。切碎的形狀要配合月齡變化）。

馬上需要少量高湯的時候！

快速柴魚湯
把一撮柴魚片和2大匙水放進耐熱容器內，輕輕蓋上保鮮膜，用微波爐加熱30秒。

煮汁變成昆布高湯！
烹煮蔬菜的時候，只要同時放入高湯昆布，就可以讓蔬菜湯瞬間變成昆布高湯。昆布可以在中途取出，也可以持續烹煮。

媽媽&爸爸
和寶寶
每日笑開懷！

開始冷凍副食品吧！

每天製作副食品，餵寶寶吃飯，收拾、整理，這樣的過程相當辛苦。即便是好不容易才製作好的副食品，有時仍會有寶寶不願意吃的時候。媽媽或爸爸總是會因此而感到沮喪、疲累──。不過，只要有副食品，媽媽或爸爸的負擔也會跟著減輕。寶寶吃副食品的期間只有短短的一年。不管是爸爸、媽媽或是寶寶，每天都以開心的笑容享受每一餐吧！

冷凍副食品的
優點一籮筐！

來了來了來了～

哇啊～

呼～

優點
1

冷凍可以維持食材的新鮮度&營養價值

就算沒辦法天天採購也沒關係。只要預先處理好一次採購的食材，再加以冷凍，就可以讓每次的調理更有效率！而且，也可以維持食材的新鮮度，同時不損害食材的營養價值。

優點
2

只要稍作組合搭配，就可以完成一餐量的美味

只要把預先冷凍的食材加以組合搭配，就可以完成1餐！只要改變組合的方式或調味，就可以使菜單更加多變、豐富。

優點
3

只要放進鍋子或耐熱容器加熱，就完成了！

因為預先處理時，已經製作成副食品所需的硬度和大小，所以事後只要用鍋子或微波爐加熱即可！可大幅縮短調理時間。

開動囉！

啊～

優點
4

不會讓肚子餓的寶寶等太久！

因為瞬間就可以完成，所以可以馬上讓肚子餓的寶寶吃到副食品！

冷凍基礎 之 Key

冷凍副食品的大原則

準備安全且美味的冷凍副食品給寶寶時所必須了解的事情，
分別彙整在各個步驟裡。

STEP 2 預先處理

趁新鮮，搭配使用方法調理

購買當天預先處理最佳

食材的新鮮度和味道，會隨著時間流逝而逐漸變差，營養價值也會下降。為了製作出美味且營養豐富的副食品，挑選新鮮的食材，盡可能在購買當天做好預先處理吧！

> 食材原則上要在加熱後進行冷凍，不過，有些食材則可以在生食狀態下冷凍！
> 例如日本油菜的菜葉清洗切碎後，就可以直接冷凍。小番茄去除蒂頭後，也可以直接冷凍，使用時直接用水沖洗，就可以簡單剝除外皮。

調理成容易解凍的形狀

食材基本上要處理成容易解凍調理的形狀。必須配合發展時期磨碎、切碎，或是去除種籽、外皮等寶寶不能吃的部位後，再進行冷凍。

> 只要將食材加以搭配組合，或是預先製作好漢堡等『點心類』的食材，解凍調理就會更簡單。

番茄在冷凍前川燙去皮，去除種籽。

STEP 1 準備

準備好用的道具並消毒、清潔

備妥冷凍相關道具吧！

副食品和成人食物的差異，就在於獨特的形狀和少量，只要配合這些條件，準備容易使用的道具，就可以更加方便。搭配菜刀、砧板之類的調理器具，勤奮的用熱水消毒，隨時保持清潔吧！

保鮮膜
只要不是液體，什麼都可以包。整個離乳期都可以使用，相當方便！

冷凍保鮮袋
任何食材形狀都可以冷凍保存。可以用來收納保鮮膜包裹的食材，或分裝在矽膠杯裡的食材，確實密封。

分裝容器
適合用來冷凍粥或液體類的食材。選擇可以連同容器一起冷凍或微波加熱的類型。

製冰盤
冷凍湯等液體食材或月齡5～6個月的糊狀副食品時，相當便利。冷凍後，放進冷凍保鮮袋保存。

矽膠杯
不管是固體或是帶有湯汁的食材都OK！不管是分裝或是耐冷、耐熱都相當優異，清洗後還能重複使用，相當便利。

確實冷卻、密封，維持美味

STEP 3 冷凍

分裝成一次使用量後冷凍

只要分裝成一次分量後冷凍，就可以更容易解凍，使用時也可以省去量秤的麻煩。依照預先處理的食材形狀，選擇道具和冷凍方法吧！

↑鬆軟形狀的食材用矽膠杯盛裝。如果排放在托盤上冷凍的話，就要放進冷凍袋裡面，以免接觸到空氣。

➡用保鮮膜包裹的時候，只要預先按壓出刻痕，就比較容易分出1餐分量。

➡把帶有某程度分量的主食裝進分裝容器後，冷凍保存。直接用微波爐加熱就OK。

↑使用保鮮膜時，攤平包裹是快速冷凍的關鍵。

冷卻後密封

食材如果在冒著蒸氣的情況下冷凍，蒸氣會結霜，導致味道變差。另外，食材如果接觸到空氣，就會氧化，破壞食物的美味。

放進冷凍保鮮袋後，擠壓出空氣密封。

利用急速冷凍維持美味

如果把食材放在金屬托盤冷凍，就可以快速冷凍，維持風味和口感。

只要避免重疊，把食材平鋪放置，就可以更快速冷凍，取出時也比較輕鬆。

只使用分裝分量，重視速度的解凍調理

STEP 4 解凍

1週使用完畢

就算冷凍，食材還是會逐漸劣化。寶寶對細菌的抵抗力很弱，所以最好以一週內使用完畢為標準。只要預先標記日期，就可以預防過期使用。

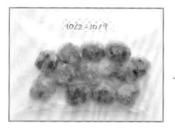

貼上寫有日期的紙膠帶，就會更加清楚。

只解凍使用的分量

冷凍食材只快速取出欲使用的分量，不使用的部分要快速放回冰箱。解凍過的食材不可以再次冷凍。如果再次冷凍，除了味道和風味會變差外，細菌也會比較容易孳生、繁殖。

取出時，避免直接用手接觸。

在冷凍狀態下快速加熱

為防止細菌的繁殖，要避免室溫下的解凍。解凍調理要在冷凍狀態下，用鍋子或微波爐快速解凍。

用微波爐解凍時，要使用耐熱容器。直接煮沸。不管是哪種食材，都要確實煮熟。

好吃的飯飯。真期待♪

了解更多！ STEP **2** 預先準備

\簡單&快速/
預先處理的訣竅

只要事先了解
最適合食材的預先處理方法，
就能製作出美味的副食品。

調理法
可大略分成
2種！

❄ 挑選符合食材的調理法 ❄

↑直火加熱最正確！

堅硬的根莖類蔬菜或帶有纖維的菜葉蔬菜，建議採用比較容易變軟的直火加熱。

↑微波爐調理最簡單！

微波爐調理可以避免食材的營養和鮮味流失，在製作肉類、魚類或少量副食品的時候相當好用！只要抹點水、撒點太白粉，稍微下點功夫，就可以調理出美味。

美味

直火調理的預先處理

川燙的食材

●菜葉蔬菜●

菠菜或日本油菜等菜葉蔬菜用大量的熱水川燙烹煮。

●肉或魚●

為避免產生腥味，或是鮮味流失，要放進熱水裡川燙。

●乾麵●

用大量的熱水烹煮。副食品不添加鹽巴。

用水烹煮的食材

●根莖類蔬菜●

需要較長時間才能熟透，所以要放進水裡仔細烹煮。烹煮的時候要加蓋。

烹製出絕佳口感的訣竅

5~6
個月

7~8
個月

加熱至可以用手指捏碎的硬度。

9~11
個月

1歲~
1歲6個月

食材在冷凍→解凍過程中會變軟，所以要把該部分的硬度納入考量。一旦彎折就會斷裂的程度。

美味

微波爐的預先處理

美味調理的關鍵

關鍵
❶使用略大的耐熱容器

選擇微波爐調理可使用的容器。金屬製的容器或耐熱溫度140℃以下的塑膠容器都不可以使用。為防止溢出，要選擇尺寸略大的容器。

關鍵
❷食材的大小和厚度一致

肉的厚度要一致，蔬菜等的形狀、大小也要盡可能相同，使食材能夠均勻受熱。

關鍵
❸輕輕蓋上保鮮膜

如果保鮮膜毫無縫隙的密封，可能發生蒸氣壓力導致容器破裂，或是高溫使食材飛濺的危險。

關鍵
❹逐步加熱

微波爐的加熱時間除了食材分量之外，也會因微波爐的機種或瓦數而改變。還不太熟悉的時候，先以10秒為單位，一邊確認食材狀態，找出最恰當的時間吧！如果加熱過久，也可能導致焦黑。

◆微波爐的瓦數加熱時間對應表

600W	500W
30秒	40秒
40秒	50秒
50秒	1分
1分	1分10秒
1分30秒	1分50秒
2分	2分20秒
2分30秒	3分

※本書的食譜是使用600W的微波爐。

依食材類別加熱的重點

●蔬菜要灑水後加熱●

用微波爐加熱後，食材的水分會流失，所以要灑水後覆蓋上保鮮膜，以避免水分流失。

●肉或魚就用太白粉＋水保持濕潤●

魚或肉加熱後，往往會變得乾柴。只要在加熱之前抹上太白粉、灑上水，就會變得濕潤且軟嫩。

●雞柳浸泡在煮汁裡冷卻●

雞柳或雞胸肉加熱後，直接浸泡在容器內所殘留的肉汁裡冷卻，雞肉吸收肉汁之後，就會變得濕潤。

STEP ❸
冷凍
加熱完成後，
以符合用途的形狀進行冷凍

加熱完成的食材要先依照日後欲使用的副食品形狀，進行壓碎、過篩或是切碎，然後再進行冷凍（參考P.24～29）。

😊 把它記下來吧！

**有轉盤和沒轉盤的
微波爐**

依微波爐的類型不同，食材放置的方法和位置也各不相同。微波爐沒有轉盤的時候，就放置在中央。有轉盤時，外側可以接觸到較強的電磁波，所以溫熱的食材要放置在中央略偏外側的位置。

零失誤的美味上桌！ 解凍調理的訣竅

好不容易冷凍起來的食材，如果搞錯解凍的方法，也可能會破壞美味，讓寶寶感到排斥。預先掌握解凍的訣竅吧！

用微波爐解凍的時候

步驟 ❶ 製作空氣的通道

如果在密封狀態下加熱，保鮮膜內部的空氣會溫熱膨脹，有時也會導致保鮮膜破裂。保鮮膜要輕蓋，保留空氣的通道。

※也有不需要使用保鮮膜的微波爐，請透過使用說明書確認。

用保鮮膜包裹的食材就放在耐熱盤上，把保鮮膜的左右打開。

步驟 ❷ 逐步加熱

跟預先處理的狀況相同，加熱的時候要一邊觀察狀況，一邊慢慢加熱。微波爐加熱的食材容易流失水分，所以要在中途停下來檢視狀況，再視情況添加水分。

步驟 ❸ 加熱後充分拌勻

加熱後要確實攪拌均勻，檢查是否有過熱或過冷的部分。如果有，就再加熱10～20秒，然後再次充分拌勻。

步驟 ❹ 倒進容器內，快速冷卻

剛加熱完成的食材相當燙，要小心避免燙傷。希望盡快讓寶寶吃的時候，只要倒進另一個容器，就可以更容易冷卻。

也可以在保鮮膜上面放保冷劑，幫助食材冷卻。如果是膠狀的保冷劑，鋪在容器下方就可以使溫度更加穩定，如果有，就試著有效利用吧！

用直火調理解凍的時候

煮沸，確實煮熟

和微波爐相同，要利用確實加熱的方式殺菌。用鍋子加熱的話，就以煮沸（煮沸煮汁，冒泡的程度）為標準。

使用迷你尺寸的鍋子或平底鍋，可以防止水分蒸發，並且更有效率的加熱。水分不夠時，就要添加水分。

預防失敗的訣竅

➡水分不足或是加熱時間過長，好不容易準備好的食材就會變得乾柴或是過硬，要特別注意。

\ 實現「一週採購一次」的理想 /

蔬菜、水果的挑選方法&推薦的保存食材

帶著寶寶去買東西是一件大工程。
食材可以利用宅配服務，或利用假日採購以減輕負擔。

蔬菜、水果

❶挑選新鮮種類，持久保存

採購時，選擇新鮮的種類吧！只要把可以長時間保存的根莖類蔬菜，和腐爛速度較快的菜葉類蔬菜加以搭配組合，就可以更容易規劃出1週分量的菜單。

菜葉類

挑選菜葉緊實的種類。

例：
- ●菠菜
- ●日本油菜
- ●白菜
- ●高麗菜
- ●青江菜　等

果菜

挑選果實有彈性且有光澤的種類。

例：
- ●番茄
- ●小番茄
- ●茄子
- ●甜椒
- ●青椒　等

根莖類

選擇表面緊實且有光澤的種類。

例：
- ●胡蘿蔔
- ●蕪菁
- ●蘿蔔
- ●蓮藕
- ●牛蒡　等

❷掌握保存的訣竅，持久保存

菜葉類蔬菜、果菜等容易腐爛的蔬果，趁新鮮的時候預先處理，或盡早使用完畢吧！蔬菜的保存方法會依種類不同，或切割與否而改變（參考P.51）。

放進蔬菜袋或用報紙包裹，維持新鮮度！

保存食品

❶罐頭、乾貨預先收存

沒有食材的時候，可以長時間保存的罐頭或乾貨是相當好的輔助食材。鮪魚或是水煮黃豆、麵麩或凍豆腐等，可用來製作副食品的保存食品有很多。使用時，要記得先脫鹽或是去除油脂（參考P.13）。

❷善用增添風味的食材，防止調味一成不變！

對於不使用調味料的副食品來說，青海苔或柴魚片、黃豆粉或白芝麻粉等相當適合用來增添風味。只要隨時常備，就可以簡單的增加菜色的變化。

其實增添風味的食材含有很多鐵、鈣質等營養價值！

❸隨時儲備主食食材，一盤搞定！

隨時儲備米粉或細麵、冷麵等乾麵、義大利麵或通心粉等義式麵條吧！沒有粥等保存食材的時候，只要搭配手邊現有的蛋白質來源或蔬菜，就可以製作出一盤營養均衡的料理！

食材類別
冷凍副食品預先處理的訣竅

針對副食品常用的食材，彙整預先處理及冷凍的方法。

主食 熱量來源

身體和大腦的能量來源。從容易消化的米粥開始，逐漸延伸至麵包或麵條等豐富變化。

烏龍麵	 粥、軟飯
習慣吃米粥後，接著挑戰麵條！	**一次炊煮數天份，美味又有效率**

烏龍麵

習慣吃米粥後，接著挑戰麵條！

5～6個月

雖説6個月以後就可以讓寶寶吃了，不過，製成粥狀太費力了，所以建議7個月以後再讓寶寶吃。

7～8個月

〔預先處理〕
烹煮軟化後，切成2～5mm的碎狀。

〔冷凍法〕
用保鮮膜包裹成1餐分量冷凍。

9～11個月

〔預先處理〕
烹煮軟化後，切成1～2cm的長度。

〔冷凍法〕
用保鮮膜包裹成1餐分量冷凍。

1歲～1歲6個月

〔預先處理〕
烹煮軟化後，切成4～5cm的長度。

〔冷凍法〕
用保鮮膜包裹成1餐分量冷凍。

粥、軟飯

一次炊煮數天份，美味又有效率

5～6個月

〔預先處理〕
製作柔滑的10倍粥
（參考P.14）。

〔冷凍法〕
放進製冰盒冷凍。
😊 冷凍完成後，用冷凍保鮮袋保存。只要用水沾濕製冰盒的底部，就可以輕易取出。

7～8個月

〔預先處理〕
製作7倍粥
（參考P.14）。

〔冷凍法〕
依照1餐分量，裝進分裝容器，或是用保鮮膜包裹冷凍。

9～11個月

〔預先處理〕
製作5倍粥
（參考P.14）。

〔冷凍法〕
依照1餐分量，裝進分裝容器，或是用保鮮膜包裹冷凍。

1歲～1歲6個月

〔預先處理〕
製作軟飯
（參考P.14）。

〔冷凍法〕
依照1餐分量，裝進分裝容器，或是用保鮮膜包裹冷凍。

番薯

帶有甜味，比馬鈴薯更適合冷凍

5～6 個月

〔預先處理〕
加熱後過篩，製成糊狀。

〔冷凍法〕
放進製冰盒冷凍。也可以用保鮮膜包起來，或是裝進矽膠杯裡面。

7～8 個月

〔預先處理〕
加熱後，搗碎。

〔冷凍法〕
依照1餐分量，用保鮮膜包起來，或是放進矽膠杯裡面冷凍。

9～11 個月

〔預先處理〕
切成5mm～1cm丁塊後，加熱。

〔冷凍法〕
依照1餐分量，用保鮮膜包起來，或是放進矽膠杯裡面冷凍。

1歲～ 1歲6個月

〔預先處理〕
切成1cm丁塊後，加熱。

〔冷凍法〕
依照1餐分量，用保鮮膜包起來，或是全部放進冷凍保鮮袋裡面冷凍。

😊 輕鬆妙點子

超推薦的棒狀食品！

寶寶9個月以後，只要把切成棒狀加熱後的番薯冷凍起來，就可以更容易變化！可以直接讓寶寶抓著吃，或是解凍後切成丁塊。可以增加菜色的變化。

例如，把番薯製成棒狀。

直接製成手抓點心。

切成小塊，當成味噌湯的配菜。

吐司

因為鹽分、油脂、糖分較少，所以比其他麵包更適合副食品

5～6 個月 **7～8 個月**

〔預先處理、冷凍法〕
切除吐司邊，切成碎塊後，放進冷凍保鮮袋冷凍。

〔解凍調理〕
加入水或調製好的牛奶，烹煮軟化後，磨碎或壓碎，把麵包製作成粥。

9～11 個月 **1歲～ 1歲6個月**

〔預先處理、冷凍法〕
切除吐司邊，切成棒狀等寶寶容易握持的形狀，放進冷凍保鮮袋冷凍。

〔解凍調理〕
直接在冷凍狀態下，用烤箱等烘烤。

義大利麵

關鍵就是徹底煮到軟化！

義大利麵帶有彈性，不容易調理至軟爛，所以建議寶寶9～11個月以後再使用。在沒有放鹽巴的情況下，烹煮的時間要比標示時間更長才能軟化。不管是義大利麵或通心粉，都是採用相同的調理方法。

9～11 個月 **1歲～ 1歲6個月**

〔預先處理〕
烹煮時，只要先把麵條折成符合該時期的長度，就會比較容易烹煮（長度可參考P.24烏龍麵的項目）。

〔冷凍法〕
用保鮮膜包裹成1餐分量冷凍。

義大利麵也有快煮類型！邁入開始抓食的9個月之後，也建議採用通心粉。

主菜 蛋白質來源

肉或魚、黃豆製品或雞蛋富含的蛋白質，是製造血液或肌肉等組織的重要營養素。
蛋白質攝取過多，會造成消化上的負擔，適量即可。

魩仔魚乾

去鹽後再使用

因為含有鹽分，所以要去鹽後再使用（參考P.13）。冷凍時的大小，請參考白肉魚的項目。過了1歲之後，可以直接使用原始大小。

分成小容量，用保鮮膜包起來。因為1次的使用量較少，所以建議用1張保鮮膜包起來，並在分量之間按壓出凹痕。

鮪魚罐（水煮，不使用食鹽）

如果有多餘，就冷凍起來吧！

用蔬菜湯烹煮無油且不使用食鹽的鮪魚或柴魚，7～8個月之後就可以使用。月齡7～8個月時，放進濾網，淋上熱水，去除鹽分和油脂後再使用。9個月之後，瀝乾湯汁，直接揉碎就可以了。不管是哪一種，都是依照1餐分量，用保鮮膜包起來冷凍。

你應該知道！ 有些食材並不適合冷凍

在副食品當中相當活躍的豆腐並不適合冷凍。如果直接冷凍，口感會變得沙沙的。

優格或牛乳也一樣，冷凍後會油水分離，所以也是NG的。

生雞蛋不能冷凍，不過，只要製作成炒蛋或蛋絲，就可以冷凍。

白肉魚

低脂、高蛋白，值得推薦的副食品

白肉魚只要使用去除魚刺且新鮮的生魚片，就會比較輕鬆。撒上太白粉和水，用微波爐加熱後，就可以製作出鬆軟口感，鮮味不流失。

 5～6 個月

〔預先處理〕
6個月以後使用。加熱後，磨碎稀釋成糊狀。

〔冷凍法〕
依照1餐分量，用保鮮膜包起來冷凍。也可以使用製冰盒或矽膠杯。

7～8 個月

〔預先處理〕
加熱後，輾壓磨碎，或是揉散。

〔冷凍法〕
依照1餐分量，用保鮮膜包起來，或是放進矽膠杯裡冷凍。

9～11 個月

〔預先處理〕
加熱後，揉碎成略粗的1cm大小。

〔冷凍法〕
依照1餐分量，用保鮮膜包起來冷凍。

1歲～ 1歲6個月

〔預先處理〕
加熱後，揉碎成1cm～一口大小。

〔冷凍法〕
依照1餐分量，用保鮮膜包起來冷凍。

納豆

分裝成小包裝後，冷凍！

7～8個月使用碾割納豆，加熱後餵食。寶寶習慣之後，就算不加熱也OK。9～11月也可以開始吃小粒納豆。

依照1餐分量，用小容器分裝，或用保鮮膜包起來冷凍。↓

黃豆（水煮）

把水煮黃豆進一步加熱得更軟爛

水煮罐頭或真空包裝的種類最方便。直接給寶寶吃，會顯得太硬，所以要連水一起放進耐熱容器，用微波爐加熱至軟爛。別忘了去除外面的薄皮。之後，依照1餐分量，用保鮮膜包起來冷凍。

啊唔啊唔，真好吃♥

雞柳

建議率先嘗試的低脂肉類！

雞肉容易腐爛，所以建議在購買當天立刻處理、冷凍。冷凍時的大小，7～8個月要磨碎或切碎；9～11個月切碎或揉碎；1歲～1歲6個月則切碎成7～8mm的丁塊。

➡調理前要先把筋去除，寶寶比較容易下嚥。

浸泡在煮汁裡冷凍，就可以抑制乾柴的口感。↓

絞肉

依雞肉、豬肉、牛肉的順序挑戰！

盡量選擇油脂較少且新鮮的種類吧！雞絞肉7～8個月開始；豬肉或牛肉9～11月開始吃。

➡加熱後會變得乾柴，不容易下嚥，所以要混入太白粉和水加熱，或是製作成肉丸、漢堡排之後再冷凍。

豬紅肉

加熱後，切成容易食用的形狀。

豬肉比雞肉更硬，所以要在9～11個月後開始吃。建議採用脂肪較少且肉質較軟嫩的腿肉或里肌肉。加熱後，依照1餐分量，用保鮮膜包起來冷凍。

9～11個月

加熱後，切成極小的碎末。

1歲～1歲6個月

加熱後，切成碎末或是1cm長的肉絲。等寶寶習慣之後，再慢慢增大尺寸。

配菜　維他命、礦物質來源

調整身體狀態所不可欠缺的營養素。攝取各種不同種類的食材。
食量較大的寶寶，只要多攝取這個類別的食材就沒問題了。

菠菜、日本油菜

煮至軟爛，確實去除澀味

菠菜或日本油菜的莖比較硬，所以剛開始只使用菜葉（9〜11個月也可以吃菜莖）。烹煮至軟爛後，泡水去除澀味。切碎時，訣竅就是朝縱橫方向切斷纖維（參考P.12）。

5〜6 個月

〔預先處理〕
加熱後，磨碎稀釋成糊狀。
😊 稀釋時，不要使用有澀味殘留的煮汁。

〔冷凍法〕
裝進製冰盒裡冷凍。也可以用保鮮膜包起來，或是裝進矽膠杯裡。

7〜8 個月

〔預先處理〕
加熱後，切成細末。

〔冷凍法〕
依照1餐分量，用保鮮膜包起來，或是放進矽膠杯裡冷凍。

9〜11 個月

〔預先處理〕
加熱後，切成碎末（也可以加入少量的菜莖）。

〔冷凍法〕
依照1餐分量，用保鮮膜包起來，或裝進矽膠杯冷凍。

1歲〜 1歲6個月

〔預先處理〕
連同菜莖一起加熱後，切成碎末〜1cm長。

〔冷凍法〕
依照1餐分量，用保鮮膜包起來，或裝進矽膠杯冷凍。

胡蘿蔔

用水加蓋烹煮至軟爛

用鍋子加水烹煮，就可以變得軟爛。如果依照冷凍時的形狀，把胡蘿蔔切得太小塊，就會破壞原有的美味，所以切成不容易軟爛的程度大小再進行加熱吧！
😊 就算是切碎或搗碎的情況也一樣，切成片狀後再進行加熱。

5〜6 個月

〔預先處理〕
加熱後，磨碎稀釋成糊狀。

〔冷凍法〕
裝進製冰盒裡冷凍。也可以用保鮮膜包起來，或是裝進矽膠杯。

7〜8 個月

〔預先處理〕
加熱後，切成細末〜3mm丁塊的碎末。

〔冷凍法〕
依照1餐分量，用保鮮膜包起來，或是放進矽膠杯裡冷凍。

9〜11 個月

〔預先處理〕
加熱後，切成5〜8mm丁塊。也可以切成長3cm左右的棒狀。

〔冷凍法〕
依照1餐分量，用保鮮膜包起來，或裝進冷凍保鮮袋冷凍。

1歲〜 1歲6個月

〔預先處理〕
加熱後，切成1cm左右的丁塊，或是棒狀、銀杏狀等各種不同的形狀。

〔冷凍法〕
依照1餐分量，用保鮮膜包起來，或裝進冷凍保鮮袋冷凍。

洋蔥

確實加熱至軟爛吧！

生的洋蔥帶有辛辣和苦味，但確實加熱後，就會產生甜味。5～6個月磨碎；7～8個月切成細末。9～11個月以後切成碎末。

😊 加熱至可用手指掐碎的柔軟程度。

番茄

確實去除種籽

月齡5～6個月可使用的蔬菜。川燙後去除種籽，然後再進行冷凍（參考P.13）。5～6個月壓碎成泥狀；7～8個月切成碎末；9～11個月切成5～8mm的丁塊；1歲～1歲個月切成1cm丁塊或梳形切。

😊 1歲以後，就算帶皮、帶籽也OK。

青花菜

主要使用花穗部分

青花菜使用前端被稱為花穗的綠色部分。5～6個月磨碎稀釋；7～8個月切成碎末。9～11個月切成碎粒～8mm丁塊；1歲～1歲6個月切成1cm丁塊，或者也可以直接保留莖的部分，讓寶寶抓著吃。

蘋果

加熱後再冷凍

剛開始可以磨泥、榨果汁，或是加熱至軟爛。5～6個月磨成泥，混入水和太白粉加熱。7～8個月建議參照胡蘿蔔教學的大小，灑水後，用微波爐加熱。

白菜、高麗菜

去除堅硬的菜心，加熱

帶有甜味且沒有菜味，加熱後就會變軟，所以是月齡5～6個月相當適合吃的蔬菜。5～6個月磨碎稀釋；7～8個月切碎末；9～11個月切成5mm的碎末；1歲～1歲6個月切成5mm～1cm大的碎末。

😊 菜葉以某程度的大小直接加熱，比較容易變得軟爛。

蕪菁、蘿蔔

根和葉都可以用來製作副食品

根的部分加熱後，就會變軟，所以月齡5～6個月就可以開始吃。葉子部分建議從月齡7個月開始，使用葉尖的軟嫩部分。至於冷凍時的大小，根的部分請參考胡蘿蔔的教學，葉子部分則可以參考菠菜、日本油菜的教學。

😊 削掉較厚的外皮，就可以製作出更軟嫩的味覺觸感。

甜椒、青椒

削掉外皮，加熱至軟爛

帶有苦味且不容易磨碎，所以要從月齡7～8個月開始使用。甜椒比青椒更有甜味，所以建議採用甜椒。用刨刀削掉外皮，或是切成細末後，烹煮至軟爛。冷凍時的大小可參考菠菜的教學。

鴻喜菇

切成細碎，使用少量

鴻喜菇的食物纖維較多且不容易消化，所以要從月齡9～11個月開始吃。把烹煮後的鴻喜菇切成碎末，使用少量。1歲～1歲6個月則切成碎粒。也可以切完之後再加熱。

一～五 六日 靠冷凍&速成副食品 度過一星期

副食品的分量不多，如果餐餐都從頭開始製作，將會是相當費力的事情。可是，不管如何，還是希望寶寶可以透過副食品來累積更多的飲食經驗，品嚐到更多不同的美食──。接下來要介紹的冷凍&速成副食品，正好可以實現爸爸、媽媽們的願望。這裡將會介紹一週期間的菜單，新手爸爸或媽媽只要照著做就OK了！

❄ INDEX ❄

善用冷凍＋速成菜單，輕鬆搞定每一天♪

有時間就做起來放！

讓平日三餐更輕鬆的預先處理

利用寶寶睡覺等有空閒的時間，備齊食材，做好預先處理後，
進行冷凍吧！

以冷凍食材
為基礎，
快速調理！

一～五 忙碌的平日，10分鐘內搞定1餐！

就算因為工作或家事太忙碌而沒時間採購，或是沒有多餘時間可以製作副食品，也
不需要擔心！只要事先儲備好冷凍副食品，把平日常備的食材加以組合搭配，就可
以在忙碌的星期一～星期五，製作出變化豐富的副食品。

不光是冷凍食材，
還要利用
保存食材喔！

六～日 依照行程預定，有效運用速成菜單！

介紹星期六、日可同時間調理的速成菜
單，或是可以用罐頭、乾貨等家裡現有
的食材製作的菜單！ 假日全家一起出
遊，也會有必須在旅遊地點餵食副食品
的時候吧？或是平日讓寶寶去托嬰中心
的期間，也會有冷凍食材沒有用盡的情
況。請大家配合預定的行程，善用速成
菜單吧！

吞嚥期 的進展方法

先從1匙10倍粥
開始練習吞嚥

這個時期的副食品是為了讓寶寶習慣「吃」這個行為。一邊觀察寶寶的狀況，慢慢往前推進吧！

副食品初體驗
就從10倍粥開始。
可以順利學會吞嚥嗎？

就從出生5～6個月，
發出『想吃東西的信號』後開始

寶寶出生5個月之後，盯著大人吃東西的動作，或是流著口水，嘴巴做出咀嚼的動作，都屬於『想吃東西！』的信號。這就是可以開始給寶寶吃副食品的時候。

第一次的副食品就從10倍粥開始，然後再慢慢增加分量和食材的種類。可是，這個時期的營養還是以母乳、配方奶為主，副食品主要是用來練習吞嚥，所以就算分量不多也沒有關係。

寶寶準備
好了嗎？

●副食品開始檢查表●

□出生後5個月，只要脖子變硬，就有辦法坐

月齡過5個月之後，就可以開始餵副食品。另外，若要讓寶寶更沉穩的用餐，維持坐姿是很重要的事情。

□哺乳時間趨於穩定

哺乳一次就相當於副食品的餵食，當哺乳時間趨於穩定後，副食品的餵食就會更容易實施。

□對成人的飲食興趣滿滿

當寶寶開始對成人的飲食產生興趣，正是寶寶對吃飯變得積極的證據。

副食品要在身體狀態
和心情絕佳的中午前餵食

把一次的哺乳時間改成副食品餵食。擔心寶寶可能對某些食物過敏時，建議在中午之前餵食，因為可以馬上帶寶寶去醫院檢查。不過，其他時間也沒有關係，只要餵食的時候，寶寶的情緒穩定，同時爸爸或媽媽有充裕的時間就行了。最重要的是，一旦決定好餵副食品的時間後，應該在每天的固定時段餵食，養成規律的生活步調。

\ 你應該知道！/

開始餵食副食品後，有時糞便會變稀，或是有便秘的感覺。只要寶寶的心情和食慾都不錯，就不需要擔心。當寶寶身體狀況不佳時，也可以暫停副食品的餵食。如果寶寶狀態不佳的情況持續好幾天，就要盡快帶去醫院檢查。

一天的餵食時間表範例

7:00	
8:00	母乳、配方奶❶
9:00	
10:00	副食品＋母乳、配方奶❷
11:00	
12:00	
13:00	
14:00	母乳、配方奶❸
15:00	
16:00	
17:00	
18:00	母乳、配方奶❹
19:00	
20:00	
21:00	
22:00	
23:00	
24:00	母乳、配方奶❺

副食品吃完後，
只給寶寶
喝得完的奶量

哺乳1天5～6次，
只喝母奶的寶寶則要
多出1～2次。

觀察寶寶的狀況，慢慢增加分量吧！

　　第一天，先讓寶寶吃1小匙過篩後的10倍粥，分數次餵食，感覺沒有問題之後，從隔天開始，每天增加1匙。寶寶吃慣粥之後，也可以添加蔬菜泥，之後也可以讓寶寶試試油脂較少的蛋白質（豆腐或白肉魚）。持續1個月，寶寶的1餐食量達到2～3大匙之後，就算一天吃2餐也沒關係（參考P.41）。

（參考P.41）

餵食方法 OK NG

OK 寶寶吞下後，再餵下一匙

寶寶用上下唇含住食物後，直接以維持水平的姿勢，把湯匙往外側拉。然後，確認寶寶把副食品吞下後，再接著餵下一口。

OK 溢出後，用湯匙撈取，再送到嘴邊

拔出湯匙時，有時食物會從嘴角溢出來，這個時候，就用湯匙撈取，再次把食物送到嘴邊。透過這樣的反覆練習，讓寶寶學習如何不讓食物溢出。

NG 如果摩擦上顎，嘴巴就閉不起來！

如果用湯匙摩擦上顎，寶寶的嘴巴就閉不起來，也就沒辦法含住食物。另外，如果把湯匙送進嘴巴深處，就沒辦法訓練寶寶用舌頭把食物推進嘴巴深處。

餵食的重點在這裡！！

重點 1　媽媽抱著寶寶

坐姿容易往前傾倒的時期，如果讓寶寶坐兒童座椅，會使姿勢不穩，不容易餵食。只要讓寶寶坐在膝蓋上面，用單手支撐寶寶的身體，再用另一隻手餵食就可以了。

重點 2　製成柔滑的濃湯狀

把副食品製成比較容易吞嚥、水分較多且濃稠的濃湯狀。剛開始，為了消除粗糙口感，必須進行過篩。等寶寶習慣之後，再慢慢減少水量。

重點 3　只放少量在湯匙裡

寶寶的嘴巴裡面只能放進極少量的副食品，而且剛開始的時候，有些寶寶只會用舌頭舔。所以，一次餵食的分量不要太多，僅用湯匙的前端撈取少許即可。

重點 4　使寶寶的身體傾斜

讓寶寶的上半身略向後靠是重點，不要讓上半身直挺。差不多就是比哺乳時略微挺直的姿勢。這樣的姿勢比較容易吞嚥，食物也比較不容易溢出。

重點 5　觀察寶寶的嘴巴動作

把湯匙靠在寶寶的下唇，稍微刺激一下，寶寶的嘴巴就會打開，上唇就會自然閉起。此時把湯匙往外拉，觀察寶寶的吞嚥情況。

以維持水平的姿勢，拉出湯匙。

開始！

第1天

第一天只餵1匙白粥

用10倍的水，把米煮成10倍粥，過篩成糊狀後，再給寶寶吃。觀察寶寶是否能確實吞嚥。

第2天

若沒問題，就慢慢增量

如果寶寶的身體狀況和糞便狀態沒有任何變化，就一邊觀察寶寶的狀況，一邊慢慢增加10倍粥的量。

第7天

試著挑戰蔬菜！

寶寶吃慣白粥後，就可以在粥裡添加蔬菜泥。胡蘿蔔、南瓜等澀味較少且帶有甜味的食材，比較容易入口，也比較容易製成糊狀。

第2～3週期間

增加主食的變化性

寶寶適應白粥和蔬菜後，就可以挑戰白米以外的碳水化合物！馬鈴薯泥和麵包粥的口感和白粥類似，容易食用且調理簡單。

第1個月

試著添加蛋白質來源吧！

以第1個月為標準，試著添加蛋白質來源。蛋白質來源當中，從對腸胃負擔較少的豆腐泥開始，吃了沒有問題之後，再試著挑戰白肉魚。

完全適應之後

升級成1天2餐！

第1餐的分量與1天1餐時的分量相同。第2餐則要先從第1餐的1/3分量開始，一邊觀察寶寶的情況，一邊慢慢的增加，當第2餐餵食也適應良好時，就配合寶寶的步調進行調整。

月齡7～8個月後，
升級至含住壓碎期（參考P.42）

10倍粥

1小匙，分數次餵食。慢慢增加分量。以在快滿6個月的時候，分量增加至2～3大匙（30～40g）為標準。

蔬菜

蔬菜也從1湯匙開始。習慣之後，再增量至10～20g左右。

蛋白質來源

慢慢增加分量。豆腐以10～15g為標準，白肉魚以5～10g為標準。

了解副食品的製作方法吧！❶
〔10倍粥〕

第一種副食品就從10倍粥開始，1餐的分量很少，所以建議一次製作後再分裝冷凍。
➡製作方法參考P.36

了解副食品的製作方法吧！❷
〔蔬菜泥〕

習慣吃粥之後，挑戰沒有澀味的胡蘿蔔、白菜或高麗菜。烹煮至軟爛後，磨碎過篩。這個部分也建議一次製作後再分裝冷凍。
➡製作方法參考P.36

了解副食品的製作方法吧！❸
〔豆腐泥或白肉魚泥〕

吃慣蔬菜後，挑戰蛋白質來源。豆腐或白肉魚確實加熱後，和白粥或蔬菜一樣，製作成糊狀。
➡製作方法參考P.36

等到1餐可以攝取到3種營養來源後，就可以開始製作1週分量的冷凍&速成副食品菜單！（參考P.36）

副食品和成人的飲食截然不同，硬度、大小、分量全都很難掌控。

這裡就來介紹5～6個月的寶寶每餐的分量和硬度的標準。

> 這個時期是練習吞嚥的時期。不需要在意分量多寡。就配合寶寶加以調整吧！

 主食　　　**熱量來源**

〔食材的種類〕

副食品就從米粥開始。麵包因為有小麥過敏的疑慮，所以等習慣米粥之後，再從1匙開始。馬鈴薯、番薯也可以當成這個時期的熱量來源。

〔每餐的分量〕※ 選擇下列的任一種

●10倍粥…從1匙開始，以2～3大匙（30～40g）爲標準，慢慢增加。

●吐司…從1匙開始，以1/6片左右爲標準，慢慢增加。

●馬鈴薯…從1匙開始，以20g左右爲標準，慢慢增加。

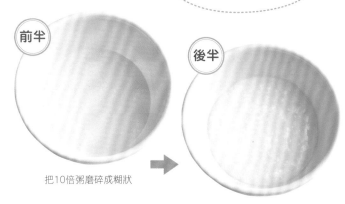

前半　→　後半

把10倍粥磨碎成糊狀

慢慢減少水分

 主菜　　　**蛋白質來源**

〔食材的種類〕

開始吃副食品經過一個月左右，就可以開始吃豆腐或白肉魚。確實加熱殺菌後，磨碎成糊狀餵食。

〔每餐的分量〕※ 選擇下列的任一種

●豆腐…從1匙開始，10～15g（2cm丁塊～2.5cm丁塊）

●白肉魚…從1匙開始，5～10g（生魚片1/2～1塊）

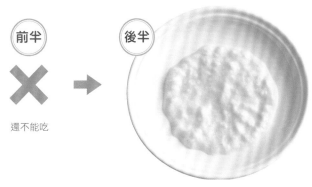

前半　✕　→　後半

還不能吃

磨碎稀釋成糊狀

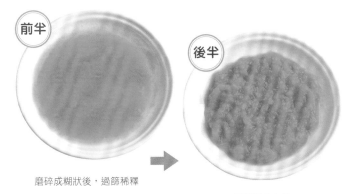 **配菜**　　　**維他命、礦物質來源**

〔食材的種類〕

把胡蘿蔔、南瓜、白菜、高麗菜或蕪菁等帶有甜味的蔬菜，製作成糊狀等容易食用的狀態。

〔每餐的分量〕

蔬菜總計10～20g

●從1匙開始，以2大匙的糊泥爲標準，慢慢增加。

●例：胡蘿蔔 10g（厚度5mm的片狀1片）＋白菜 10g（菜葉10cm方形1片）

前半　→　後半

磨碎成糊狀後，過篩稀釋

慢慢減少水量

※這個時期的食材種類和分量，也請一併參考P.90～91「按月齡分類　1餐標準量速查表」、P.92～93「按月齡分類　對寶寶有益和建議避免的食物清單」。

5~6個月（吞嚥期）的
冷凍&速成副食品食譜

星期 一 ～ 五　準備冷凍食譜的食材

星期 一 ～ 日
非冷凍食材

◆配方奶（或牛乳）
◆太白粉

星期 六 日
速成食譜使用的食材

—— 長時間保存的食材 ——
◆米粉
—— 可保存一周的食材 ——
（蔬菜保存法參考 P.51）
◆嫩豆腐　　◆馬鈴薯
◆洋蔥　　　◆日本油菜
◆小番茄

Pick UP！
速成食譜的食材活用法

❶用米粉現做10倍粥
只要用米粉加水，再用微波爐加熱就可完成！不需要烹煮，也不需要磨碎，冷凍庫裡沒有庫存時，也可以安心。

❷使用生豆腐
豆腐不適合冷凍，所以要使用生的。也可以選擇保存期限較長的填充豆腐。

❸蔬菜放進保鮮袋保存
蔬菜只要放進保鮮袋保存，便可保存更久（詳細的保存方法請參考P.51）。

胡蘿蔔

約2小匙
×
6個

◆**胡蘿蔔**（去皮）…30g（1/5條）

※胡蘿蔔、白菜要一起製作，並且烹製蔬菜湯。製作方法參考白菜項目。

白菜

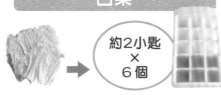

約2小匙
×
6個

◆**白菜**（菜葉）
　…30g（10cm方形3片左右）

❶白菜切段，胡蘿蔔切成厚度2～3mm的片狀。❷把2杯水、胡蘿蔔放進鍋裡，蓋上鍋蓋，加熱。煮沸後，改用小火。約經過10分鐘後，加入白菜，進一步烹煮5分鐘。❸用濾網撈出步驟❷的蔬菜（煮汁要留下來當作蔬菜湯使用）。❹各自加入2大匙煮汁，磨碎成糊狀。❺分成6等分，裝進製冰盒，放進冰箱冷凍。

蔬菜湯（煮汁）

約1大匙
×
10個

◆**胡蘿蔔和白菜的煮汁**…150ml左右

把胡蘿蔔和白菜的煮汁分成10等分，倒進製冰盒冷凍。

〔使用方法〕多製作一點，在每次用餐時加熱附上（參考P.37「Point」）。

10倍粥

約1大匙
×
15個

◆**米**…2大匙（26g）
◆**水**…300ml

❶把米和水放進飯鍋，用煮粥模式烹煮。❷磨碎成糊狀（用手持攪拌器或攪拌機攪碎會比較輕鬆）。❸按每1大匙，分成15等分，裝進製冰盒冷凍。

白肉魚

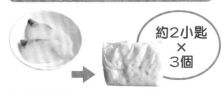

約2小匙
×
3個

◆**真鯛生魚片**…2塊（20g）
◆**太白粉**…1/8小匙

❶把真鯛放進耐熱容器，混入太白粉、1大匙水，輕輕覆蓋上保鮮膜，用微波爐加熱1分鐘。❷磨碎成糊狀。❸分成3等分，用保鮮膜包起來冷凍。

南瓜

約1大匙
×
3個

◆**南瓜**（去除種籽和外皮）…40g（4cm丁塊）

❶南瓜切成1.5cm的塊狀。❷放進耐熱容器，加入2大匙的水，輕輕覆蓋上保鮮膜，用微波爐加熱1分30秒。❸把步驟❷的南瓜連同煮汁一起過篩。❹分成3等分，裝進矽膠杯冷凍。

Tuesday
❄ 星期二 ❄

◀ 南瓜粥

▽ 魚肉白菜羹

粥用微波爐，
羹用鍋子，一次同時
完成2道料理！

Monday
❄ 星期一 ❄

10倍粥

胡蘿蔔糊 ▶

讓寶寶感受到
食材的美味吧！

就算不愛吃粥，也能靠南瓜的甜來帶動食慾

南瓜粥

〔材料〕

10倍粥
× 3個　➕　南瓜
× 1個

〔製作方法〕

把10倍粥、南瓜放進耐熱容器，輕輕蓋上保鮮膜，用微波爐加熱1分鐘，混合攪拌。

用調好的太白粉水勾芡

魚肉白菜羹

〔材料〕

白肉魚
× 1個　➕　白菜
× 2個　➕　蔬菜湯
× 1個

➕　◆太白粉水…1/2小匙

〔製作方法〕

把白肉魚、白菜、蔬菜湯放進鍋裡，用小火一邊攪拌一邊烹煮至沸騰為止。混入太白粉水，勾芡。

只要放進微波爐，立刻享受熱騰騰的美味

10倍粥

〔材料〕

10倍粥
× 3個

〔製作方法〕

把10倍粥放進略大的耐熱容器，輕輕蓋上保鮮膜，用微波爐加熱50秒。

Point　粥容易沸騰溢出，所以要使用略大的耐熱容器。

甜甜的胡蘿蔔是首次嘗試蔬菜的推薦食材！

胡蘿蔔糊

〔材料〕

胡蘿蔔
× 3個

〔製作方法〕

把胡蘿蔔放進耐熱容器，輕輕蓋上保鮮膜，用微波爐加熱50秒。

Point　除了上述食譜之外，也可以把1個蔬菜湯放進耐熱容器，輕輕蓋上保鮮膜，用微波爐加熱40秒。在每次端上餐桌，讓寶寶練習喝液體，或是用來稀釋副食品，相當便利。

5～6個月（吞嚥期）　※本書的食譜使用600W的微波爐。另外，太白粉水的比例是水2：太白粉1。

◀南瓜牛奶濃湯

◀胡蘿蔔粥

大量的綠黃色蔬菜，營養滿點的菜單！

白菜粥▶

魚肉胡蘿蔔糊

如果不愛吃菜葉蔬菜或青菜，就試著混進粥裡面

使用寶寶喝慣的配方奶，更容易入口

南瓜牛奶濃湯

〔材料〕

 南瓜 × 1個

➕ ◆配方奶（用熱水沖泡）…2小匙（或牛乳）

〔製作方法〕

把南瓜、配方奶放進耐熱容器，輕輕蓋上保鮮膜，用微波爐加熱40秒，混合攪拌。

把營養豐富的胡蘿蔔混進粥裡

胡蘿蔔粥

〔材料〕

10倍粥 × 3個 ➕ 胡蘿蔔 × 1個

〔製作方法〕

把10倍粥、胡蘿蔔放進耐熱容器，輕輕蓋上保鮮膜，用微波爐加熱1分鐘，混合攪拌。

白菜的清爽甜味和白粥相當契合！

白菜粥

〔材料〕

10倍粥 × 3個 ➕ 白菜 × 2個

〔製作方法〕

把10倍粥、白菜放進耐熱容器，輕輕蓋上保鮮膜，用微波爐加熱1分鐘，混合攪拌。

把魚肉混進寶寶吃習慣的蔬菜裡

魚肉胡蘿蔔糊

〔材料〕

白肉魚 × 1個 ➕ 胡蘿蔔 × 2個

〔製作方法〕

把白肉魚、胡蘿蔔放進耐熱容器，輕輕蓋上保鮮膜，用微波爐加熱40秒，混合攪拌。

魚肉粥 ▶

◀ 南瓜白菜糊

食材的組合搭配也是讓寶寶一口接一口的關鍵。多嘗試看看吧！

mini COLUMN 1

輕鬆製作副食品的道具

介紹縮短副食品的調理時間，
讓調理作業更順利的商品。

手持攪拌器

費時費力的磨碎或過篩作業，三兩下就可以完成。在把副食品打成糊狀的5～6個月、碎粒狀的7～8個月格外實用！

副食品調理組

過篩器或研缽等副食品製作上經常使用的道具組也相當好用。尺寸小，所以可以減少清洗的時間。

也有可以用微波爐製作粥品的套組。採用不容易溢出的結構。

把鮮味十足的魚肉混進粥裡

魚肉粥

〔材料〕

| 10倍粥 × 3 個 | ＋ | 白肉魚 × 1 個 |

〔製作方法〕

把10倍粥、白肉魚放進耐熱容器，輕輕蓋上保鮮膜，用微波爐加熱1分鐘，混合攪拌。

甜味的南瓜、沒有草腥味的白菜最適合寶寶

南瓜白菜糊

〔材料〕

| 南瓜 × 1 個 | ＋ | 白菜 × 2 個 |

〔製作方法〕

把南瓜、白菜放進耐熱容器，輕輕蓋上保鮮膜，用微波爐加熱1分鐘，混合攪拌。

Saturday
🕐 星期六 🕐

▼日本油菜米粉粥

▼嫩豆腐洋蔥糊

沒有冰磚庫存的時候，
就用保存期限較長的食材製作

把帶有苦味的日本油菜混進粥裡，會更容易食用

日本油菜米粉粥

〔材料〕
◆米粉…1/2大匙　◆日本油菜…2.5g（菜葉1片）

〔製作方法〕
1 日本油菜煮軟後，擠掉水分，磨碎。
2 把米粉和3又1/2大匙的水放進略大的耐熱容器裡混合，輕輕蓋上保鮮膜，用微波爐加熱50秒。
3 把步驟❶的日本油菜放進步驟❷的米粉粥裡，混合攪拌。

滑嫩的豆腐裡面感受到洋蔥的甜味

嫩豆腐洋蔥糊

〔材料〕
◆洋蔥…10g（厚度1cm的梳形切1塊）
◆嫩豆腐…25g（3cm丁塊）

〔製作方法〕
1 把洋蔥和大量的水放鍋裡烹煮，洋蔥變軟之後，加入豆腐，煮熟。
2 把步驟❶的洋蔥和豆腐的水分擠掉，磨碎。

🔄 速成技巧
　　2道料理也可以用同一個調理器具製作。日本油菜和洋蔥、豆腐一起烹煮。磨碎時，就用磨碎洋蔥和豆腐的研缽，再把日本油菜磨碎即可。

← 星期 六 日 的
速成副食品就這麼做吧！
六日不使用冷凍食材，直接用家裡現有的食材快速調理。

『一起加熱』
是速成的基礎

不加任何調味，直接烹煮少量食材的副食品，只要用相同鍋子把多種食材一起加熱，就可以縮短調理時間。這個時候，先從較費時間的根莖類蔬菜開始烹煮，只要快速川燙就可以熟透的豆腐，就留到最後再放進鍋裡。用微波爐調理的時候也一樣。

P.41「馬鈴薯糊」、「過篩小番茄」
可同時調理！

用微波爐加熱馬鈴薯後，放進小番茄，再用微波爐加熱。

加熱完成後，把馬鈴薯和小番茄分開，分別製成糊狀。

 速成副食品的小巧思

 😊 用研缽代替器皿

我用百元商店買到的小研缽把副食品磨碎之後，就這麼直接端上桌，把研缽當成器皿使用。這樣可以少洗一個碗♪（裕翔媽媽）

 合作社的蔬菜片超方便 😊

只要用熱水泡開，就可以簡單製作出蔬菜糊，沒有副食品庫存的時候，真的相當方便。（大斗媽媽）

開始吃副食品
經過一個月之後

馬鈴薯糊

```
2種料理
用微波爐同時調理！
```

過篩小番茄

❶增加第二餐！
從第一餐的1/3分量開始

開始吃副食品經過一個月以上，寶寶逐漸習慣熱量來源（白米、麵包等）、維他命與礦物質來源（蔬菜和水果）、蛋白質來源（豆腐和魚）之後，副食品就增加成1天2次。第1次是中午前，第2次就以中午2點或是下午6點左右為標準，盡量讓寶寶在相同時間用餐。第2次的分量就從第1次的1/3分量開始，之後再逐量增加。

●自然的進階訣竅

老是吃相同的東西會覺得膩，時常換新又會吃不習慣，不管是哪種方法都會阻礙副食品的進展。只要在吃習慣的食物裡面加上一些新的食材，就可以增添新鮮感，提高寶寶的興趣。另外，也可以同時確認是不是有過敏的問題。

●例如在1餐裡面…

主餐採用已經吃習慣的10倍粥
　　➕主菜或配菜就用第一次吃的食材入菜

●或是…

減少主食的水量，或是在粥裡保留些許顆粒
　　➕主菜或配菜用平常吃習慣的食材入菜

❷從吞嚥期
邁入含住壓碎期

下列是從吞嚥期邁入含住壓碎期的判斷標準，只要通過下列三項就沒問題了，現在就檢查看看吧！

```
寶寶準備
好了嗎？
```

●邁入含住壓碎期的檢查表●

☐月齡七個月，
已經習慣使用湯匙，有辦法閉嘴吞嚥

確認是否能緊閉上唇和下唇，做出吞嚥動作。月齡以七個月為標準。

☐可吃完全部，約10匙左右的副食品

10匙只是個參考值。畢竟食量因人而異，所以就算食量較小，只要每次的分量都差不多，就可以了。

☐1天吃2次副食品

就算第2次的食量不多，只要生活步調可以達到1天2次的副食品，就可以放心進階。

🍴 5～6個月的時候，就算把馬鈴薯當主食也OK
馬鈴薯糊

〔材料〕
◆馬鈴薯…20g（厚度5mm的半月切3片）
◆配方奶（用熱水沖泡。只有熱水也OK）…2小匙

〔製作方法〕

1 把馬鈴薯、1大匙水放進耐熱容器，輕輕蓋上保鮮膜，用微波爐加熱1分30秒。

2 把步驟❶的水分瀝乾，磨碎，加入配方奶稀釋。

🍴 過篩是快速去除外皮和種籽的方法！
過篩小番茄

〔材料〕
◆小番茄…3個（35g）　◆太白粉水…1/4小匙

〔製作方法〕

1 把小番茄和1大匙的水放進耐熱容器，輕輕蓋上保鮮膜，用微波爐加熱50秒。

2 把步驟❶的小番茄的水分瀝乾，用濾網過篩，去除外皮和種籽，放進耐熱容器。混入太白粉水，進一步用微波爐加熱20秒。

速成技巧

2道料理也可以同時調理。 ❶把馬鈴薯和1大匙的水放進耐熱容器，輕輕蓋上保鮮膜，用微波爐加熱1分鐘。 ❷攪拌容器裡面的食材，加入小番茄，進一步加熱40秒。 ❸和上述食譜相同，馬鈴薯磨碎，小番茄則過篩。

含住壓碎期 的進展方法

7~8 個月

固定1天2餐，
能吃的東西增多的時期

習慣吞嚥之後，舌頭開始往上下移動，練習把含住的食物壓碎！

新食材第1次挑戰。
第2次
慢慢增量

開始吃副食品經過1～2個月之後，便是邁入含住壓碎期的最佳時機（進階的標準請參考P.41）。這個時期，脂質較少的雞肉、鮪魚、蛋黃等可以吃的食材增加了不少，所以可以藉此讓寶寶多多體驗新的味道。新的食材和吞嚥期相同，同樣先從1匙開始。在白天的第1次副食品試著挑戰吧！第2次的副食品就以曾經吃過的食材為主，再慢慢增加分量和種類。

這時期也會出現偏食的現象喔！

這時期會出現自我主張，喜好會不斷改變，也會出現有時吃、有時不吃的情況。放寬心，從旁守護寶寶，試著讓他多多嘗試吧！

這個時期的重點

食材
雞柳、紅肉魚等，可以吃的蛋白質來源增多，菜色變得更加豐富。雞蛋要去除容易形成過敏原因的蛋白，先從蛋黃開始。

調理
若要練習用舌頭壓碎，嫩豆腐的硬度是最好的。蔬菜就在磨碎的糊泥裡，也可加些略粗的碎粒。肉或魚切碎之後，再進行勾芡。

餵食方法
如果寶寶已經可以挺直背脊，坐在椅子上的話，就讓寶寶坐在椅子上面。只要腳底平穩，下巴和舌頭就能夠使力。另外，如果讓寶寶的手自由活動，寶寶就會把手伸向湯匙或器皿。

一天的餵食時間表範例

7:00	
8:00	母乳、配方奶❶
9:00	
10:00	副食品❶＋母乳、配方奶❷
11:00	
12:00	
13:00	
14:00	母乳、配方奶❸
15:00	
16:00	
17:00	
18:00	副食品❷＋母乳、配方奶❹
19:00	
20:00	
21:00	
22:00	
23:00	
24:00	母乳、配方奶❺

有些寶寶的生活步調還不太穩定，如果早上吃副食品有些困難，也可以改成中午和晚上2次。

哺乳和用餐的間隔以4小時尤佳。

寶寶準備好了嗎？

●邁入含住壓碎期的檢查表●

□月齡邁入9個月，已經有辦法吞嚥豆腐硬度的食物
就算沒辦法吞嚥所有的食材，只要可以做到某程度的吞嚥，就可以放心進入下個階段。

□若加上1次的副食品，其分量可達到兒童碗約半碗程度
以兒童碗半碗程度為標準。就算食量沒有那麼多，只要有辦法順利吞嚥，而且食慾良好，就OK。

□已經習慣1天2次的副食品
只要生活步調穩定，1天有辦法固定吃2次的副食品，就可以進階。

慢慢習慣副食品，可以吃的食材也有所增加的時期。
先來了解形狀和分量的標準吧！

> 副食品的分量和食材的硬度終究只是參考。請配合寶寶的需求調整。

主食　熱量來源

〔食材的種類〕
7倍粥可以搭配配料，也可以直接吃。也可以讓寶寶吃麵包或麵。不管是哪種食材，都要調理成粥狀。

〔每餐的分量〕　※ 選擇下列的任一種
●7倍粥…50～80g（3～5大匙）左右
●吐司（8片切、切邊）…1/4～1/2片左右
●細麵（乾麵）…10～15g左右

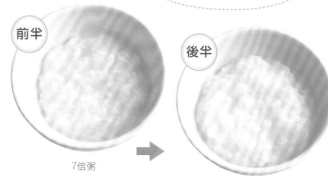

前半　7倍粥　→　後半　減少水分

主菜　蛋白質來源

〔食材的種類〕
雞肉或鮪魚等，可以吃的種類變多了。雞蛋剛開始先把水煮蛋的蛋黃製成糊狀，從1匙比較容易食用的質地開始餵食。

〔每餐的分量〕　※ 選擇下列的任一種
●豆腐…30～40g
●魚、肉…10～15g
●納豆…12～16g
●雞蛋…蛋黃1顆～全蛋1/3顆

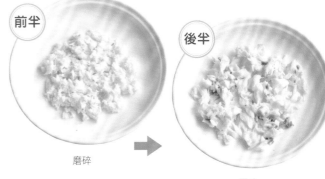

前半　磨碎　→　後半　壓碎

配菜　維他命、礦物質來源

〔食材的種類〕
搭配綠黃色蔬菜和淡色蔬菜，試著挑戰各種不同的蔬菜吧！雖然呈現顆粒狀，不過，還是要把硬度調理成可以用舌頭壓碎的程度。

〔每餐的分量〕
蔬菜總計20～30g
●例：胡蘿蔔 10g（厚度5mm的片狀1片）＋白菜 10g（菜葉10cm方形1片）
●例：南瓜 10g（2.5cm丁塊）＋日本油菜 5g（菜葉2片）＋蘿蔔 15g（厚度3mm的片狀1片）

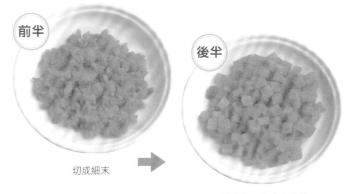

前半　切成細末　→　後半　切成3mm左右的碎粒

※這個時期的食材種類和分量，也請一併參考P.90～91「按月齡分類　1餐標準量速查表」、P.92～93「按月齡分類　對寶寶有益和建議避免的食物清單」。

7~8個月（吞嚥期）的
冷凍&速成副食品食譜

星期 一 ~ 五　準備冷凍食譜的食材

蕪菁

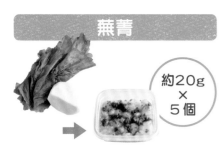

約20g
×
5個

◆蕪菁的果實（去皮）…60g（2/3顆）
◆葉子前端…10g（3片）

❶蕪菁切成薄片。煮至軟爛後取出，預留4大匙煮汁。放進葉子，煮軟後，把水分擠掉，切成細末。 ❷分成5等分，裝進分裝容器，分別淋上2小匙步驟❶的煮汁後冷凍。

番茄

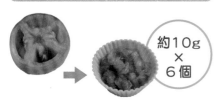

約10g
×
6個

◆番茄（熱水川燙，去除種籽→ P.13）
…120g。淨重60g（1顆）

❶番茄切成碎粒。 ❷分成6等分，裝進矽膠杯冷凍。

魩仔魚乾

約10g
×
4個

◆魩仔魚乾…40g

❶魩仔魚乾脫鹽（→P.13），切成細末。 ❷用保鮮膜包起來，分成4等分，切出摺痕後冷凍。

雞絞肉

約15g
×
4個

◆雞絞肉（雞胸肉尤佳）…50g
◆太白粉…1/4小匙

❶把雞絞肉放進耐熱容器，將太白粉和1大匙水充分混合。 ❷輕輕蓋上保鮮膜，用微波爐加熱1分鐘，直到熟透為止。 ❸用保鮮膜包起來，分成4等分冷凍。

7倍粥

約60g
×
8個

◆米…100ml（85g）　◆水…700ml

❶把米和水放進飯鍋，用煮粥模式烹煮。煮好之後，混合攪拌，燜蒸20分鐘。 ❷放涼後，分成8等分，裝進分裝小袋冷凍。

※7倍粥是本書1週7天份菜單的使用量。

吐司

約90ml
（1餐1/2片）
×4次份

◆吐司（8片切、切邊）…2片

❶吐司切成碎粒。 ❷放進冷凍保鮮袋冷凍。

預先處理
的
訣竅

注意鹽分或脂質攝取過多！
寶寶的消化器官尚未發達。鹽分較多的魩仔魚乾要脫鹽，雞肉就選擇脂質較少的雞柳、雞胸肉。

星期 六 日
速成食譜使用的食材

長時間保存的食材
◆快煮通心粉
◆細麵　　◆烤麩
◆凍豆腐　◆水煮黃豆
◆鮪魚罐（水煮、不添加食鹽）
◆乾燥裙帶菜
◆番茄汁（無鹽）

可保存一周的食材
（蔬菜保存法參考P.51）
◆原味優格
◆胡蘿蔔　◆馬鈴薯
◆蘿蔔　　◆洋蔥
◆南瓜　　◆番薯
◆青花菜　◆日本油菜
◆紅椒　　◆高麗菜
◆白菜　　◆蘋果

其他（調味料）
◆高湯

Pick UP！
速成食譜的食材活用法

❶用乾麵製作出營養均衡◎的菜單

主食變得多元的時期，有效利用細麵或快煮通心粉，試著製作出一道營養均衡的料理吧！

〔速成食譜〕
P.52「麵麩和鮮豔蔬菜的細麵」
P.53「鮪魚洋蔥番茄義大利麵」

❷利用罐頭、乾物完成營養豐富的主菜！

烤麩或凍豆腐之類的乾物、水煮黃豆或鮪魚罐都可以長效保存，在副食品上也相當活躍。就算沒有肉或魚，也可以製作出營養價值很高的主菜。

〔速成食譜〕
P.52「黃豆蘿蔔和日本油菜粥」
P.53「蘿蔔泥和凍豆腐粥佐青海苔」

胡蘿蔔&洋蔥

約20g ×5個

◆**胡蘿蔔**（去皮）…50g（1/3條）
◆**洋蔥**（去皮）…50g（1/4顆）
◆**高湯**…300ml

❶胡蘿蔔、洋蔥切成薄片。　❷用高湯把步驟❶的食材燉煮至軟爛。　❸用濾網撈起，把煮汁分開，切成細末（煮汁當成蔬菜湯使用）。　❹分成5等分，裝進矽膠杯冷凍。

蔬菜湯（煮汁）

約1大匙 ×10個

◆**胡蘿蔔&洋蔥的煮汁**…150ml左右

把胡蘿蔔&洋蔥的煮汁分成10等分，倒進製冰盒冷凍。

星期 一 ～ 日　不冷凍食材

◆嫩豆腐

◆牛乳
（或配方奶）

◆碾割納豆

◆太白粉

◆柴魚片

◆青海苔

◆黃豆粉

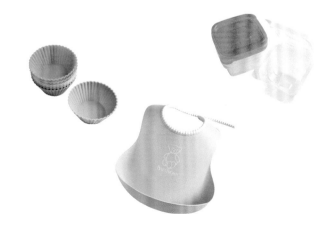

Monday
❄ 星期一 ❄

雞肉蕪菁羹

白粥佐青海苔

白粥保留顆粒，逐步進階

勾芡的稠滑口感也可以用微波爐簡單製作

下午

上午

豆腐拌胡蘿蔔洋蔥

▲ 番茄麵包粥

❄ 口感乾柴的雞肉只要加以勾芡，就能更容易入口

雞肉蕪菁羹

〔材料〕

 雞絞肉 ×1個 ＋ 蕪菁 ×1個 ＋ 蔬菜湯 ×1個

＋ ◆太白粉水…1/2小匙

〔製作方法〕

把雞絞肉、蕪菁、蔬菜湯放進耐熱容器，輕輕蓋上保鮮膜，用微波爐加熱50秒。混入太白粉水，進一步加熱20秒，攪拌混合。

❄ 麵包稍微保留些許丁塊，讓寶寶練習含住壓碎

番茄麵包粥

〔材料〕

 吐司 ×1次量 (90ml) ＋ 番茄 ×1個 ＋ 蔬菜湯 ×1個

〔製作方法〕

把吐司、番茄、蔬菜湯、2大匙的水放進耐熱容器，輕輕蓋上保鮮膜，用微波爐加熱1分鐘，攪拌混合。

❄ 海苔風味增添食慾。鮮豔的綠也十分好看

白粥佐青海苔

〔材料〕

7倍粥 ×1個 ＋ ◆青海苔…少量

〔製作方法〕

把盛裝7倍粥的容器蓋子打開，輕輕蓋上保鮮膜，用微波爐加熱1分鐘30秒。裝盤，撒上青海苔。

❄ 預先用高湯熬煮的胡蘿蔔和洋蔥也是風味絕佳◎

豆腐拌胡蘿蔔洋蔥

〔材料〕

 洋蔥＆胡蘿蔔 ×1個 ＋ ◆嫩豆腐…30g（1/10塊）

〔製作方法〕

1 把豆腐和胡蘿蔔＆洋蔥放進耐熱容器，輕輕蓋上保鮮膜，用微波爐加熱1分鐘。

2 用叉子一邊壓碎豆腐，一邊攪拌混合。

※本書的食譜使用600W的微波爐。另外，太白粉水的比例是水2：太白粉1。

下午

上午

豆腐番茄湯

胡蘿蔔洋蔥
麵包粥

柴魚粥

無法冷凍的豆腐，
要在隔天內使用完畢

吻仔魚蕪菁
牛奶湯

星期一
吃雞肉搭配蕪菁，
星期二則製成牛奶風味

 保留小塊，讓寶寶練習含住壓碎

豆腐番茄湯

〔材料〕

番茄 ×2個	+	蔬菜湯 ×1個

➕ ◆嫩豆腐…30g（1/10塊）

〔製作方法〕

1 豆腐切成5mm丁塊。

2 把步驟❶的豆腐和番茄、蔬菜湯放進耐熱容器，輕輕蓋上保鮮膜，用微波爐加熱1分鐘。

簡單增添柴魚風味

柴魚粥

〔材料〕

7倍粥 ×1個

➕ ◆柴魚片…1小撮

〔製作方法〕

把盛裝7倍粥的容器蓋子打開，輕輕蓋上保鮮膜，用微波爐加熱1分30秒。裝盤，用手指把柴魚片搓成細碎，撒在上面。

 麵包粥增添胡蘿蔔和洋蔥的甜

胡蘿蔔洋蔥麵包粥

〔材料〕

吐司 ×1次量 （90ml）	+	胡蘿蔔& 洋蔥 ×1個	+	蔬菜湯 ×1個

〔製作方法〕

把吐司、胡蘿蔔&洋蔥、蔬菜湯、2大匙的水放進耐熱容器，輕輕蓋上保鮮膜，用微波爐加熱1分鐘，攪拌混合。

 吻仔魚乾的隱約鹹味和牛奶的甜味相得益彰

吻仔魚蕪菁牛奶湯

〔材料〕

吻仔魚乾 ×1個	+	蕪菁 ×1個	+	蔬菜湯 ×1個

➕ ◆牛乳（或用熱水沖泡的配方奶）…1大匙
◆太白粉水…1/2小匙

〔製作方法〕

把吻仔魚乾、蕪菁、蔬菜湯放進耐熱容器，輕輕蓋上保鮮膜，用微波爐加熱50秒。混入牛乳、太白粉水，進一步加熱30秒，攪拌混合。

下午

一邊觀察寶寶吃的狀況，
一邊調整水量

在酸味裡
添加鮮味，
更容易入口

魩仔魚番茄羹▶

▲牛奶麵包粥

上午

蕪菁粥

雞肉胡蘿蔔洋蔥羹▶

怎麼吃都不膩的主食菜單

牛奶麵包粥

〔材料〕

 吐司
×1次量
（90ml）
＋ ◆牛乳（或用熱水沖泡配方奶）…1大匙

〔製作方法〕

把吐司、牛乳、2又1/2大匙的水放進耐熱容器混合，輕輕蓋上保鮮膜，用微波爐加熱40秒，攪拌混和。

勾芡後比較容易食用

雞肉胡蘿蔔洋蔥羹

〔材料〕

 雞絞肉
×1個
＋ 胡蘿蔔&
洋蔥
×1個
＋ 蔬菜湯
×1個

＋ ◆太白粉水…1/2小匙

〔製作方法〕

把雞絞肉、胡蘿蔔&洋蔥、蔬菜湯放進耐熱容器，輕輕蓋上保鮮膜，用微波爐加熱50秒。混入太白粉水，進一步加熱20秒，攪拌混和。

帶酸味的番茄搭配鮮味十足的魩仔魚

魩仔魚番茄羹

〔材料〕

 魩仔魚乾
×1個
＋ 番茄
×1個
＋ 蔬菜湯
×1個

＋ ◆太白粉水…1/2小匙

〔製作方法〕

把魩仔魚乾、番茄、蔬菜湯放進耐熱容器，輕輕蓋上保鮮膜，用微波爐加熱50秒。混入太白粉水，進一步加熱20秒，攪拌混合。

切碎的蕪菁葉，連同粥一起吃，比較容易入口

蕪菁粥

〔材料〕

 7倍粥
×1個
＋ 蕪菁
×1個

〔製作方法〕

1 把盛裝7倍粥的容器蓋子打開，輕輕蓋上保鮮膜，用微波爐加熱1分30秒。裝盤。

2 蕪菁用微波爐加熱50秒，撒在步驟①的白粥上面。

Thursday

❄ 星期四 ❄

◀7倍粥

黃豆粉麵包粥 ▶

鯛仔魚胡蘿蔔洋蔥湯

搭配簡單的主菜 大量的配菜

下午

▲雞肉蕪菁番茄煮

上午

黃豆粉是可以簡單增添風味和營養的優秀食材

🍚 不光是混搭的菜色，也要享受白米的味道

7倍粥

〔材料〕

> 7倍粥
> × 1 個

〔製作方法〕

把盛裝7倍粥的容器蓋子打開，輕輕蓋上保鮮膜，用微波爐加熱1分30秒。

🍅 紅、綠、白的鮮豔色彩，營養滿點

雞肉蕪菁番茄煮

〔材料〕

> 雞絞肉 × 1 個 ＋ 蕪菁 × 1 個 ＋ 番茄 × 1 個

＋ ◆太白粉水…1/2小匙

〔製作方法〕

把雞絞肉、蕪菁、番茄放進耐熱容器，輕輕蓋上保鮮膜，用微波爐加熱50秒。混入太白粉水，進一步加熱20秒，攪拌混和。

🍞 在麵包粥裡添加營養豐富的黃豆粉

黃豆粉麵包粥

〔材料〕

> 吐司
> × 1 次量
> （90ml）

＋ ◆牛乳（或用熱水沖泡配方奶）…1大匙

＋ ◆黃豆粉…少許

〔製作方法〕

把吐司、牛乳、2又1/2大匙的水放進耐熱容器混合，輕輕蓋上保鮮膜，用微波爐加熱40秒。裝盤後，撒上黃豆粉。

🐟 把鯛仔魚乾加進湯裡，增添鮮味

鯛仔魚胡蘿蔔洋蔥湯

〔材料〕

> 鯛仔魚乾 × 1 個 ＋ 胡蘿蔔&洋蔥 × 1 個

＋ 蔬菜湯 × 1 個 ＋ ◆太白粉水…1/2小匙

〔製作方法〕

把鯛仔魚乾、胡蘿蔔&洋蔥、蔬菜湯放進耐熱容器，輕輕蓋上保鮮膜，用微波爐加熱50秒。混入太白粉水、1大匙的水，進一步加熱30秒，攪拌混和。

Friday
❄ 星期五 ❄

魩仔魚粥

納豆蕪菁羹湯

鮮味滿滿的菜色

下午

雞肉胡蘿蔔洋蔥牛奶煮

上午

番茄粥

番茄&牛奶風味的西式菜色

混進粥裡之後，魩仔魚乾的鹹味更加溫和

魩仔魚粥

〔材料〕

7倍粥 ×1個	+	魩仔魚乾 ×1個

〔製作方法〕

1 把盛裝7倍粥的容器蓋子打開，輕輕蓋上保鮮膜，用微波爐加熱1分30秒。裝盤。

2 魩仔魚乾放進耐熱容器，輕輕蓋上保鮮膜，用微波爐加熱20秒。鋪在步驟①的粥上面。

用納豆簡單增添鮮味和濃稠度

納豆蕪菁羹湯

〔材料〕

 蕪菁 ×1個 + 蔬菜湯 ×2個

+ ◆碾割納豆…1小匙

〔製作方法〕

把蕪菁、蔬菜湯放進鍋裡，用小火烹煮至沸騰為止。混入納豆，關火。

memo 剩下的納豆也可冷凍保存（→參考P.27）。

雞肉高湯和牛奶的風味最速配

雞肉胡蘿蔔洋蔥牛奶煮

〔材料〕

雞絞肉 ×1個	+	胡蘿蔔&洋蔥 ×1個

+ ◆牛乳（或用熱水沖泡配方奶）…1大匙

+ ◆太白粉水…1/2小匙

〔製作方法〕

把雞絞肉、胡蘿蔔&洋蔥、牛乳放進耐熱容器，輕輕蓋上保鮮膜，用微波爐加熱50秒。混入太白粉水，再加熱20秒，攪拌混和。

番茄讓帶著甜味的米飯更爽口

番茄粥

〔材料〕

 7倍粥 ×1個 + 番茄 ×1個

〔製作方法〕

1 把盛裝7倍粥的容器蓋子打開，輕輕蓋上保鮮膜，用微波爐加熱1分30秒。裝盤。

2 番茄放進耐熱容器，輕輕蓋上保鮮膜，用微波爐加熱30秒。把步驟①的番茄鋪在粥上面。

← 星期 六 日 的速成副食品就這麼做吧！

六日不使用冷凍食材，直接用家裡現有的食材快速調理。

『一道料理放進各種食材』 速成＆營養均衡

　　這個期間可以吃的食材增多，需要開始慢慢考量營養均衡的問題。可是，要一次做好幾道料理，確實相當麻煩。這個時候，只要製作成單盤料理，就可以節省調理時間，同時也更容易調整營養均衡。

一次備妥熱量來源＋蛋白質來源＋維他命、礦物質來源的食材，製作成單盤料理！

速成副食品的小巧思

 圍兜夾超方便！

之前，圍兜的領口不符合寶寶的頸部，吃飯的時候，有時會弄髒衣服。可是，風格夾＋毛巾手帕則可以緊密貼合頸部，毛巾手帕又可以拿來擦嘴，可說是一舉兩得。（美羽媽媽）

 根莖類蔬菜跟米飯一起煮

用飯鍋煮飯的時候，順便把外皮洗乾淨的根莖類蔬菜放進去一起烹煮。這樣根莖類蔬菜就能確實軟爛，相當輕鬆。（哲平媽媽）

 使用2支湯匙

吃飯的時候，寶寶會對湯匙產生興趣，而我自己也需要使用湯匙，所以吃飯的時候，我都會準備2支湯匙。1支給寶寶拿，另1支則用來餵食。（小花媽媽）

---

 mini COLUMN 2

讓蔬菜、水果更長時間保存的三大規則

一次買下大量的蔬菜，可是，打算使用的時候卻已經腐爛，這樣就毫無意義了。那麼，就先來了解正確的保存方法吧！

就連日本油菜都可以保存一星期！

規則1　蔬菜整株放進保鮮袋

有效利用蔬果保鮮袋。買回家之後，只要直接放進保鮮袋內密封，並放進冰箱裡，就可以長時間保存。

胡蘿蔔、日本油菜、蘆筍等蔬菜，直立保存尤佳。

規則2　根莖類蔬菜和水果用報紙包裹

不適合低溫保存的根莖類蔬菜和水果，用報紙包裹後，放進保鮮袋，避免過度低溫，就可以長時間保存。

也可以用廚房紙巾來代替報紙。

規則3　切好之後，用保鮮膜包裹

蔬菜切好之後，會從切口開始腐爛，所以欲保存的時候，就要用保鮮膜包裹，避免切口接觸到空氣。

先用保鮮膜包起來再放進保鮮袋內，就會更好。

南瓜佐原味優格

蘋果番薯泥

黃豆蘿蔔
日本油菜粥

上午

把蛋白質
來源和蔬菜
混進粥裡，
營養均衡

麵麩和細麵等乾貨
是常備的便利食材！

▲麵麩彩蔬細麵

下午

利用南瓜的甜味，讓優格的酸味更容易入口

南瓜佐原味優格

〔材料〕

◆**南瓜**…20g（方形2cm×厚度2cm 1塊）
◆**原味優格**…1大匙

〔製作方法〕

1 南瓜去皮，切成厚度5mm。把保鮮膜覆蓋在耐熱容器上面，放上南瓜，淋上2小匙的水，包起來，用微波爐加熱1分鐘。放涼後，隔著保鮮膜用手指壓碎。

2 把步驟❶的南瓜裝盤，佐上原味優格。

就算沒有高湯，也能靠柴魚片增添風味

麵麩彩蔬細麵

〔材料〕

◆**細麵**（乾燥）…15g（烹煮後60g）
◆**紅椒**…5g（寬度5mm的細條1條）
◆**高麗菜**…10g（菜葉10cm方形1片）
◆**烤麩**…3個（3g）
◆**柴魚片**…1小撮

〔製作方法〕

1 紅椒去除外皮。烤麩磨泥。把大量的水放進鍋裡煮沸，放進甜椒、高麗菜，把細麵折成短截，放進鍋裡烹煮10分鐘。瀝乾水分，把細麵和蔬菜切成細末。

2 把水100ml、柴魚片、步驟❶的食材混進鍋裡。烹煮至烤麩變軟後，放進步驟❶的甜椒、高麗菜、細麵，再次煮沸。

寶寶最愛，甜點類的副食品菜單

蘋果番薯泥

〔材料〕

◆**番薯**…15g（厚度1cm的片狀1片）
◆**蘋果**…10g（1/16個）

〔製作方法〕

1 番薯切成扇形切，蘋果切成細末。快速清洗後，瀝乾水分，放進耐熱容器，淋上1大匙的水。輕輕蓋上保鮮膜，用微波爐加熱1分30秒。

2 取出番薯磨碎，加入蘋果，用1小匙的煮汁拌勻。

黃豆使用水煮罐頭或乾燥包會更容易使用

黃豆蘿蔔日本油菜粥

〔材料〕

◆**7倍粥**…冷凍包1個（或準備4大匙）
◆**水煮黃豆**…1大匙（10g）
◆**蘿蔔**…15g（厚度3mm的片狀1片）　◆**日本油菜**…5g（菜葉2片）

〔製作方法〕

1 把盛裝7倍粥的容器蓋子打開，輕輕蓋上保鮮膜，用微波爐加熱1分30秒。裝盤。

2 蘿蔔切成銀杏片，小松菜切段。把黃豆、蘿蔔、日本油菜放進耐熱容器，淋上2大匙的水，輕輕蓋上保鮮膜，用微波爐加熱2分鐘。

3 放涼後，去除黃豆的薄皮，蘿蔔、日本油菜切成細末，混進步驟❶的粥裡面。

白菜裙帶菜湯

用磨泥來縮短調理時間！

青花菜馬鈴薯泥▶

上午

下午

胡蘿蔔泥凍豆腐粥
佐青海苔▶

義大利麵也可以用微波爐加熱，所以可以減少清洗，更輕鬆♪

鮪魚洋蔥番茄義大利麵

裙帶菜就從極少量的細末開始

白菜裙帶菜湯

〔材料〕
◆白菜…10g（菜葉10cm方形1片）
◆乾燥裙帶菜…2片（用水泡軟）
◆高湯…4大匙　◆柴魚片…1小撮

〔製作方法〕
白菜和裙帶菜切成細末。放進鍋裡後，混入高湯，烹煮至軟爛程度。用手指搓碎柴魚片，混入。

磨成泥再煮，便可短時間完成！

胡蘿蔔泥凍豆腐粥
佐青海苔

〔材料〕
◆7倍粥…冷凍包1個（或是準備4大匙）
◆凍豆腐…4g（1/6塊或迷你尺寸2個）
◆胡蘿蔔（磨泥）…1大匙
◆高湯…4大匙　◆太白粉水…1/2小匙
◆青海苔…少許

〔製作方法〕
1 把盛裝7倍粥的容器蓋子打開，輕輕蓋上保鮮膜，用微波爐加熱1分30秒。裝盤。

2 凍豆腐磨泥後，放進鍋裡，混入胡蘿蔔、高湯，用小火烹煮1分鐘。混入太白粉水勾芡。

3 把步驟2的食材鋪在步驟1的粥上面，撒上青海苔。

用馬鈴薯包裹青花菜的顆粒口感

青花菜馬鈴薯泥

〔材料〕
◆青花菜…10g（1小朵的菜穗）
◆馬鈴薯…15g（1/8個）

〔製作方法〕
1 馬鈴薯切成扇形後，快速用水清洗，瀝乾後，放進耐熱容器。青花菜把菜穗部分切成細末，加入1大匙的水。輕輕蓋上保鮮膜，用微波爐加熱1分30秒。

2 把步驟1的馬鈴薯取出磨碎，加入青花菜，用1小匙殘留在耐熱容器裡的煮汁拌勻。

有效利用乾麵、罐頭和果汁！

鮪魚洋蔥番茄義大利麵

〔材料〕
◆快煮通心粉…10g
◆鮪魚罐頭（水煮、不使用食鹽）…1大匙
◆洋蔥…15g（厚度1.5cm的梳形切1塊）
◆番茄汁（無鹽）…1大匙　◆太白粉水…1/2小匙

〔製作方法〕
1 洋蔥切成薄片。把快煮通心粉、洋蔥、100ml的水放進略大的耐熱容器裡，輕輕蓋上保鮮膜，用微波爐加熱5分鐘。取出1大匙的煮汁，混入鮪魚。用濾網撈起，切成細末。

2 把步驟1的食材和煮汁放進耐熱容器，混入番茄汁、太白粉水，輕輕蓋上保鮮膜，用微波爐加熱40秒。

7～8個月（含住壓碎期）

輕度咀嚼期 的進展方法

1天3餐，用手抓著大口吃

輕度咀嚼期可以吃些硬度和大小能用牙齦壓碎的食材。也有些孩子會開始用手抓著吃。

菜單瞬間變得多元，仔細注意營養均衡吧！

寶寶的食量增加，營養攝取的比例是副食品6～7成、母乳和配方奶3～4成，以副食品為主。營養均衡逐漸變得重要。可是，這個時期同時也會出現偏食或飲食不均、邊吃邊玩的情況。因此，如果「給我好好吃飯！」這樣的情緒太過強烈，媽媽和寶寶都會吃的不開心。只要在寶寶身邊默默守護，確保整個星期的營養均衡就可以了。

牙齒長出來囉♪

寶寶長牙的時間因人而異，不過，乳牙通常都是在出生3～9個月之後，從下排的門牙開始到上排的門牙依序生長。到了臼齒長出的1歲左右，就可以用後面的牙齦壓碎食物了。

寶寶準備好了嗎？

●邁入輕度咀嚼期的檢查表●

□有辦法吃香蕉程度的硬度
有辦法用牙齦壓碎香蕉程度的硬度，就可以往前進階。

□1天可以吃3次副食品
調整生活習慣，1天可以確實吃3餐後，就可以放心進階。

□自己用手抓著吃
含住壓碎期的營養幾乎都來自副食品，所以「自己動手吃」的意願也是重要關鍵。

這個時期的重點

食材
隨著消化功能的發達，豬肉、牛肉、肝臟、青背魚、起司等，可以吃的蛋白質來源變得更加豐富。如果不會過敏的話，雞蛋可以吃1/2顆左右。

調理
為了讓寶寶可以用牙齦壓碎食材，因此要把食材調理至足以用手指壓碎的硬度。砂糖、醬油、味噌等調味料可以少量使用，不過，就算不加調味也沒關係。

餵食方法
確認寶寶是否能靠牙齦壓碎食物。輕鬆用手抓著吃的香蕉、水煮蔬菜條、肉丸等食物，可以每天準備一種，讓寶寶學習抓食。

一天的餵食時間表範例

7:00	母乳、配方奶❶
8:00	
9:00	
10:00	副食品❶＋母乳、配方奶❷
11:00	
12:00	
13:00	
14:00	副食品❷＋母乳、配方奶❸
15:00	
16:00	
17:00	
18:00	副食品❸＋母乳、配方奶❹
19:00	
20:00	
21:00	
22:00	
23:00	母乳、配方奶❺
24:00	

開始在全新時段吃的副食品，從分量1/3開始即可。

從已經吃慣的食材開始。

1餐分量和形狀

一半以上的營養素幾乎都來自於副食品的時期。
先來了解寶寶容易吃的形狀和分量的標準吧！

> 副食品的分量和食材的硬度終究只是標準。請配合寶寶的需求調整。

主食　　熱量來源

〔食材的種類〕
如果有辦法吃義大利麵的話，也可以把吐司製作成棒狀。

〔每餐的分量〕　※ 選擇下列的任一種
●5倍粥…80g（兒童碗1碗）～軟飯80g（兒童碗2/3碗）
●吐司（8片切、切邊）…1/2～3/4片左右
●細麵（乾麵）…20～25g左右

前半　5倍粥　→　後半

減少水分，趨近於軟飯

主菜　　蛋白質來源

〔食材的種類〕
消化器官發達，已經可以吃豬肉、牛肉等紅肉、青背魚。將蛋白質來源的食材搭配組合時，例如有2種的時候，請盡可能採用各自一半的分量。

〔每餐的分量〕　※ 選擇下列的任一種
●豆腐…45g（1/7塊）
●魚…15g（生魚片1.5塊）
●肉…15g（絞肉的話，則是1大匙）
●雞蛋…全蛋1/2顆

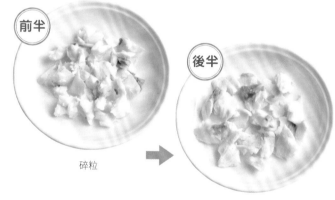

前半　碎粒　→　後半

壓碎成1cm大小

配菜　　維他命、礦物質來源

〔食材的種類〕
除了蔬菜之外，也用裙帶菜或香菇等入菜吧！可是，因為比較不容易消化，所以要煮到軟再切碎使用。

〔每餐的分量〕
蔬菜總計30～40g
●例：青花菜 20g（2小朵）＋紅椒 5g（寬度5mm的細條1條）＋洋蔥 10g（厚度1cm的梳形切）＋羊栖菜（泡軟）5g（1/2大匙）

前半
切成5mm左右的碎粒

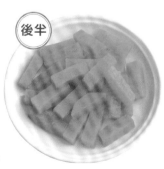
後半
切成8mm的碎粒或3cm長的條狀（用來抓著吃）

※這個時期的食材種類和分量，也請一併參考P.90～91「按月齡分類　1餐標準量速查表」、P.92～93「按月齡分類　對寶寶有益和建議避免的食物清單」。

9〜11 個月（輕度咀嚼期）的冷凍&速成副食品食譜

星期 一〜五 準備冷凍食譜的食材

菠菜

約15g × 6個

◆菠菜（菜葉。也可以加入少量的菜莖）
…90g（1/2把）

❶把菠菜放進耐熱容器，淋上100ml的水，輕輕蓋上保鮮膜，用微波爐加熱2分鐘。泡水，擠掉水分。 ❷縱橫切成5mm左右。 ❸分成6等分，在保鮮膜劃出切痕，一排3個，共製作2排，冷凍。

高麗菜&裙帶菜

約20g × 5個

◆高麗菜（切除菜心）
…50g（15cm方形2片左右）
◆乾燥裙帶菜…1大匙（2g。用溫水泡軟）

❶用200ml的水烹煮高麗菜、裙帶菜，取出後切碎（煮汁留下備用）。 ❷分成5等分，裝進分裝容器，分別淋上2小匙煮汁冷凍。

調理的訣竅

雞柳除筋後使用

雞柳的筋很硬，所以要去除後再使用。

鮭魚

約15g × 4個

◆生鮭魚（去皮和魚刺）…1片（60g）
◆太白粉…1/4小匙

❶把鮭魚分成4等分，排放在耐熱容器裡面，撒上太白粉和2小匙的水，輕輕蓋上保鮮膜，用微波爐加熱1分鐘。 ❷用保鮮膜包起來冷凍。

豬肉丸

約24個
（1回6個）

◆豬絞肉…60g　◆麵包粉…2大匙
◆牛乳…2大匙　◆鹽巴…少許

❶把材料混合後，分成24個，搓成圓球狀。 ❷用沸騰的熱水烹煮至熟透，把水瀝乾，放涼。 ❸放進冷凍保鮮袋冷凍。

雞柳

約15g × 4個

◆雞柳…1條（60g）

❶把雞柳放進耐熱容器，加入1/4杯水，輕輕蓋上保鮮膜，用微波爐加熱2分鐘。 ❷直接放涼，取出雞柳，切成碎粒（煮汁留起來備用）。 ❸分成4等分，裝進分裝容器，分別淋上1小匙煮汁冷凍。

5倍粥

約80g × 12個

◆米…200ml（170g）　◆水…1ℓ

❶把米和水放進飯鍋，用煮粥模式烹煮。煮好之後，燜蒸20分鐘。 ❷放涼後，分成12等分，裝進分裝容器（或用保鮮膜包裹）冷凍。
※5倍粥是本書1週7天份菜單的使用量。

細麵

約80g × 4個

◆細麵（乾燥）…70g

❶把細麵折成1cm長，煮軟。浸泡冷水，瀝乾。 ❷用保鮮膜包裹，分成4等分冷凍。

調理的訣竅

細麵烹煮後，確實清洗

細麵含有鹽分和油分，所以烹煮後要確實用水清洗乾淨。

星期 六 日
速成食譜使用的食材

長時間保存的食材

◆義大利麵　◆水煮黃豆
◆鮪魚罐（水煮、不添加食鹽）
◆奶油玉米罐
◆乾燥裙帶菜
◆番茄泥　◆水煮羊栖菜

可保存一周的食材
（蔬菜保存法參考P.51）

◆原味優格
◆嫩豆腐　◆碾割納豆
◆雞蛋　◆洋蔥
◆青江菜　◆白菜
◆胡蘿蔔　◆蓮藕
◆紅椒　◆蕪菁
◆青花菜　◆番薯
◆日本油菜　◆馬鈴薯

其他（調味料）

◆高湯昆布
（或是無添加的昆布高湯粉）
◆高湯　◆發酵粉
◆砂糖

南瓜

各70條
（1次13～16條，5次量）

◆南瓜（去除外皮和種籽）…100g
①南瓜切成方形7mm×長2cm。　②放進耐熱容器，淋上2大匙的水，輕輕蓋上保鮮膜，用微波爐加熱2分鐘。　③用濾網撈起，瀝乾，放涼。
④裝進保鮮袋冷凍。

小番茄

約15g ×5個

◆小番茄（川燙去皮、去種籽→P.13）
…150g。淨重75g（13個）

①小番茄切成5mm丁塊。　②分成5等分，裝進矽膠杯冷凍。

蔬菜湯（煮汁）

約1大匙 ×14個

◆胡蘿蔔、蘿蔔的煮汁…210ml左右
把胡蘿蔔、蘿蔔的煮汁分成14等分，倒進製冰盒冷凍。

胡蘿蔔、蘿蔔（條）

各 約60條

◆胡蘿蔔（去皮）…90g（3/5條）
◆蘿蔔（去皮）…90g（厚度3cm的片狀1片）
◆高湯…300ml

①分別把胡蘿蔔、蘿蔔切成方形7mm×長3cm。
②用高湯煮到變軟。　③用濾網撈起，把煮汁分開（煮汁當成蔬菜湯使用）。　④裝進保鮮袋冷凍。

Pick UP !
速成食譜的食材活用法

❶用麵粉簡單製作的蒸麵包

抓食的時期，馬上就可上桌的蒸麵包食譜相當便利！把家裡現有的蔬菜、黃豆粉和青海苔等混在裡面，就能輕易地提高營養價值！

〔速成食譜〕
P.70「胡蘿蔔蒸麵包」

❷用納豆或原味優格製作的簡單拌物

只要隨時常備原味優格、納豆，就可以「搭配現有的蔬菜，完成一道料理」。

〔速成食譜〕
P.68「番薯拌原味優格」
P.70「青江菜拌納豆」

星期 一～日　不冷凍食材

◆麵粉　◆太白粉
◆醬油　◆味噌
◆鹽巴　◆奶油
◆油
（沙拉油、橄欖油等）

◆吐司（8片切）　◆牛乳　◆烤麩

◆起司片　◆海苔　◆柴魚片　◆黃豆粉

◆木綿豆腐　◆青海苔　◆起司粉　◆白芝麻粉

午餐

◀ 小番茄起司粥

豆腐菠菜湯 ▶

紅和綠的蔬菜、動物性和植物性的蛋白質來源，實現營養均衡

◀ 烤吐司條

早餐

麵包可以用來練習抓食，也可以撕碎，浸泡在牛奶煮裡面。

雞肉胡蘿蔔蘿蔔牛奶煮

 小番茄和起司的組合不容錯過！

小番茄起司粥

〔材料〕

 5倍粥 × 1個 ＋ 小番茄 × 1個

＋ ◆起司片⋯1/2片

〔製作方法〕

把盛裝5倍粥的容器蓋子打開，輕輕蓋上保鮮膜，用微波爐加熱1分30秒。小番茄放進耐熱容器，輕輕蓋上保鮮膜，加熱40秒。起司片切成5mm方塊。混入其中。

 菠菜的甜和高湯的風味相當速配

豆腐菠菜湯

〔材料〕

 菠菜 × 1個 ＋ 蔬菜湯 × 1個

＋ ◆木綿豆腐⋯30g（1/10塊） ◆醬油⋯少許

〔製作方法〕

1 把菠菜、蔬菜湯、1大匙的水放進耐熱容器，輕輕蓋上保鮮膜，用微波爐加熱50秒。

2 把豆腐切成8mm丁塊，放進步驟❶的湯裡面，用微波爐加熱20秒。混入醬油。

 條狀的吐司相當好握，最適合首次練習抓食

烤吐司條

〔材料〕

◆吐司（8片切、切邊）⋯2/3～3/4片

〔製作方法〕

吐司切成方形1cm×長4cm的條狀，再稍微烤一下。

一道料理實現營養均衡◎

雞肉胡蘿蔔蘿蔔牛奶煮

〔材料〕

 雞柳 × 1個 ＋ 胡蘿蔔、蘿蔔 ×各10 條

＋ ◆牛乳⋯1大匙　◆太白粉水⋯1/2小匙　◆海苔⋯少許

〔製作方法〕

1 把雞柳、胡蘿蔔、蘿蔔、1小匙的水放進耐熱容器，輕輕蓋上保鮮膜，用微波爐加熱40秒。

2 把胡蘿蔔、蘿蔔取出，切成5mm長，泡軟，混入牛乳、太白粉水，進一步加熱30秒。裝盤，撒上海苔。

※本書的食譜使用600W的微波爐。另外，太白粉水的比例是水2：太白粉1。

Monday
❄ 星期一 ❄

積極採用
抓食的菜單。

南瓜撒黃豆粉 ▶

什錦味噌細麵羹

炒柴魚蘿蔔

味噌在調理最後溶入，
香氣更盛
什錦味噌細麵羹

〔材料〕

 細麵 × 1 個　＋　 豬肉丸 × 6 個

＋　高麗菜＆裙帶菜 × 1 個

＋　蔬菜湯 × 1 個

＋　◆太白粉水…1/2小匙
◆味噌…少許

〔製作方法〕

1 把豬肉丸、高麗菜＆裙帶菜、蔬菜湯放進耐熱容器，輕輕蓋上保鮮膜，用微波爐加熱1分鐘。細麵加熱50秒，裝盤。

2 把豬肉丸掐碎，混入太白粉水。再加熱20秒，混入味噌。淋上步驟❶的細麵。

用黃豆粉吸乾南瓜的水分，
更容易抓握
南瓜撒黃豆粉

〔材料〕

 南瓜 × 1 次量（13～16條）

＋　◆黃豆粉…少許

〔製作方法〕

把南瓜放進耐熱容器，輕輕蓋上保鮮膜，用微波爐加熱40秒。撒上黃豆粉。

Point　趁南瓜溫熱的時候撒上黃豆粉，比較容易混合。

用油炒的蘿蔔，
風味濃郁且美味
炒柴魚蘿蔔

〔材料〕

蘿蔔 × 8 條

＋　◆油…少許
◆醬油…少許
◆柴魚片…1小撮

〔製作方法〕

在平底鍋抹上薄博的一層油，放進蘿蔔翻炒。關火，加入醬油，用手把柴魚片搓碎，混入。

Point　用廚房紙巾等抹油，油量就會減少許多。

黃豆粉吐司▶

◀肉丸胡蘿蔔蘿蔔羹

一道料理兼顧主菜和副菜，輕鬆搞定♪

大量綠黃色蔬菜的菜單。

▲南瓜味噌湯

◀鮭魚菠菜粥

用奶油增添風味，把黃豆粉裹在吐司上

黃豆粉吐司

〔材料〕

◆吐司（8片切、切邊）…2/3～3/4片

◆奶油…少許

◆黃豆粉…1小匙左右

〔製作方法〕

奶油在室溫下放軟，薄塗在吐司上面，撒上黃豆粉。切成2cm的方形，稍微烘烤一下。

最後混入的醬油香氣促進食慾

肉丸胡蘿蔔蘿蔔羹

〔材料〕

 豬肉丸 ×6個 ＋ 胡蘿蔔、蘿蔔 ×各10條 ＋ 蔬菜湯 ×1個

＋ ◆太白粉水…3/4小匙　◆醬油…少許

〔製作方法〕

1 把豬肉丸、胡蘿蔔、蘿蔔、蔬菜湯放進耐熱容器，輕輕蓋上保鮮膜，用微波爐加熱50秒。

2 取出胡蘿蔔、蘿蔔，切成5mm長，放回耐熱容器，混入太白粉水。再加熱30秒，混入醬油。

就算不使用鍋子亦OK。用微波爐完成味噌湯！

南瓜味噌湯

〔材料〕

 南瓜 ×1次量 （13～16條） ＋ 蔬菜湯 ×1個

＋ ◆味噌…少量

〔製作方法〕

把南瓜、蔬菜湯、1大匙的水放進耐熱容器，輕輕蓋上保鮮膜，用微波爐加熱1分鐘。混入味噌。

鮮豔綠色和柔和粉色很搭

鮭魚菠菜粥

〔材料〕

 5倍粥 ×1個 ＋  鮭魚 ×1個 ＋  菠菜 ×1個

〔製作方法〕

1 把盛裝5倍粥的容器蓋子打開，輕輕蓋上保鮮膜，用微波爐加熱1分30秒。

2 把鮭魚和菠菜、1小匙的水放進耐熱容器，輕輕蓋上保鮮膜，用微波爐加熱40秒。把鮭魚搓散，連同菠菜一起混進步驟❶的粥裡面。

Tuesday
❄ 星期二 ❄

晚餐

豆腐番茄煮
佐青海苔

一邊觀察寶寶的狀況，
一邊調整食材大小。

胡蘿蔔粥▲

烤麩高麗菜／裙帶菜湯▶

把營養滿點的
綠黃色蔬菜鋪在粥上
胡蘿蔔粥

〔材料〕

5倍粥
×1個
＋
胡蘿蔔
×6條

〔製作方法〕

1 把盛裝5倍粥的容器蓋子打開，輕輕蓋上保鮮膜，用微波爐加熱1分30秒。胡蘿蔔放進耐熱容器，輕輕蓋上保鮮膜，加熱30秒。

2 胡蘿蔔切成碎粒，鋪在步驟❶的粥上面。

番茄的酸味讓豆腐一口接一口
豆腐番茄煮
佐青海苔

〔材料〕

小番茄
×1個

＋
◆木綿豆腐…40g（1/8塊）
◆柴魚片…少許
◆醬油…少許
◆青海苔…少許

〔製作方法〕

1 豆腐切成8mm丁塊。把豆腐和小番茄放進耐熱容器，輕輕蓋上保鮮膜，用微波爐加熱50秒。

2 用手指搓碎柴魚片，放進步驟❶的食材裡面。混入醬油，撒上青海苔。

搭配鬆軟烤麩的配菜也很容易入口
烤麩高麗菜／
裙帶菜湯

〔材料〕

高麗菜＆
裙帶菜
×1個
＋
蔬菜湯
×1個

＋ ◆烤麩…2個　◆醬油…少許

〔製作方法〕

用水把烤麩泡軟，切成5mm丁塊。把烤麩和高麗菜＆裙帶菜、蔬菜湯放進耐熱容器，輕輕蓋上保鮮膜，用微波爐加熱1分鐘。混入醬油。

午餐

小番茄柴魚湯▶

雞肉胡蘿蔔蘿蔔炒細麵

炒細麵的濃郁和湯的酸味完美契合！

早餐

高麗菜裙帶菜牛奶湯

隨著存放時間而逐漸變硬的吐司只要製作成麵包布丁，就會更容易吃

南瓜麵包布丁

用柴魚和醬油增添風味的日式湯品

小番茄柴魚湯

〔材料〕

 小番茄 ×1個 ＋ 蔬菜湯 ×1個

＋ ◆柴魚片…少許　◆醬油…少許

〔製作方法〕

把小番茄、蔬菜湯、1大匙的水，和用手指搓碎的柴魚片放進耐熱容器。輕輕蓋上保鮮膜，用微波爐加熱1分鐘，混入醬油。

滑溜口感挑逗食慾

雞肉胡蘿蔔蘿蔔炒細麵

〔材料〕

 細麵 ×1個 ＋ 雞柳 ×1個 ＋ 胡蘿蔔、蘿蔔 ×各6條

＋ ◆油…少許　◆醬油…少許　◆海苔…少許

〔製作方法〕

1 把雞柳和胡蘿蔔、蘿蔔放進耐熱容器，輕輕蓋上保鮮膜，用微波爐加熱40秒。取出胡蘿蔔、蘿蔔，切成5mm長。細麵加熱20秒。

2 在平底鍋抹上薄薄的一層油，放進步驟❶的細麵翻炒，加入雞柳、胡蘿蔔、蘿蔔拌炒。混入醬油。

3 裝盤，鋪上切碎的海苔。

增加稠度，讓牛奶裹在高麗菜上面

高麗菜裙帶菜的牛奶湯

〔材料〕

 高麗菜&裙帶菜 ×1個 ＋ 蔬菜湯 ×1個

＋ ◆牛乳…1大匙
＋ ◆太白粉水…1/2小匙　◆鹽巴…少量

〔製作方法〕

把高麗菜&裙帶菜、蔬菜湯放進耐熱容器，輕輕蓋上保鮮膜，用微波爐加熱50秒。混入牛乳、太白粉水，再加熱30秒，混入鹽巴。

南瓜泥讓麵包變軟，變得更容易吃

南瓜麵包布丁

〔材料〕

 南瓜 ×1次量 （13～16條）

＋ ◆吐司（8片切、切邊）…2/3～3/4片
＋ ◆牛乳…2大匙　◆奶油…少許

〔製作方法〕

1 把南瓜和牛奶放進耐熱容器，輕輕蓋上保鮮膜，用微波爐加熱30秒，搗碎。

2 在焗烤盤裡面塗上一層薄薄的奶油。把吐司切成1cm丁塊，攤鋪在盤裡面，淋上步驟❶的南瓜泥。

3 用烤箱把表面烤成淡淡的焦色。

晚餐

胡蘿蔔鮭魚漢堡排

容易用牙齦壓碎的漢堡肉，也可以練習一口咬斷

▲5倍粥佐芝麻

菠菜蘿蔔味噌湯▶

芝麻使用芝麻粉，
讓寶寶容易吃且更好消化

5倍粥佐芝麻

〔材料〕

5倍粥 ×1個

➕ ◆白芝麻粉…少許

〔製作方法〕

把盛裝5倍粥的容器蓋子打開，輕輕蓋上保鮮膜，用微波爐加熱1分30秒。撒上白芝麻粉。

食材已經熟透，
所以只要快速煎過即可

胡蘿蔔鮭魚
漢堡排

〔材料〕

鮭魚 ×1個	➕	胡蘿蔔 ×6條

➕ ◆麵粉…1小匙　　◆油…少許

〔製作方法〕

1 把鮭魚和胡蘿蔔放進耐熱容器，輕輕蓋上保鮮膜，用微波爐加熱40秒。用叉子壓碎，混入麵粉，分成5等分，捏搓成橢圓狀。

2 在平底鍋抹上薄薄的一層油，加熱後，放進步驟❶的鮭魚漢堡排。用小火把雙面煎出焦黃色。

加入大量蔬菜

菠菜蘿蔔
味噌湯

〔材料〕

菠菜 ×1個	➕	蘿蔔 ×8條

蔬菜湯 ×1個	➕	◆味噌…少許

〔製作方法〕

1 把菠菜、蘿蔔和蔬菜湯放進耐熱容器，加入1大匙的水，輕輕蓋上保鮮膜，用微波爐加熱1分鐘。

2 用叉子把蘿蔔壓碎成碎粒，混入味噌。

午餐

◀鮭魚南瓜海苔羹

◀高麗菜裙帶菜粥

早上吃肉，
中午就吃魚…
這樣就能更容易構思菜單

◀義式
菠菜起司細麵

早餐

雞肉番茄湯

把細麵製成義式風格。
光是外觀改變，
食慾也會隨之改變

 甜味和隱約鹹味的組合
鮭魚南瓜海苔羹

〔材料〕

 鮭魚 ×1個 ＋ 南瓜 ×1次量（13～16條）＋ 蔬菜湯 ×1個

＋ ◆太白粉水…1/2小匙
◆醬油…少許　◆青海苔…少許

〔製作方法〕

1 把鮭魚、蔬菜湯放進耐熱容器。輕輕蓋上保鮮膜，用微波爐加熱40秒。混入太白粉水，再加熱20秒。加入醬油，一邊把鮭魚搓散，一邊混入。

2 把南瓜放進耐熱容器。輕輕蓋上保鮮膜，用微波爐加熱40秒。淋上步驟❶的芡汁，撒上青海苔。

 高麗菜的甜味和裙帶菜的鮮味促進食慾
高麗菜裙帶菜粥

〔材料〕

 5倍粥 ×1個   高麗菜&裙帶菜 ×1個

〔製作方法〕

1 把盛裝5倍粥的容器蓋子打開，輕輕蓋上保鮮膜，用微波爐加熱1分30秒。

2 把高麗菜&裙帶菜放進耐熱容器，輕輕蓋上保鮮膜，用微波爐加熱50秒。混入步驟❶的粥。

 細麵＋起司粉的義式風格
義式菠菜起司細麵

〔材料〕

 細麵 ×1個 ＋ 菠菜 ×1個

＋ ◆起司粉…少許

〔製作方法〕

把細麵、菠菜、1大匙的水放進耐熱容器，輕輕蓋上保鮮膜，用微波爐加熱1分鐘。拌勻後，撒上起司粉。

雞肉和番茄的組合不容錯過！
雞肉番茄湯

〔材料〕

 雞柳 ×1個 ＋ 小番茄 ×1個 ＋ 蔬菜湯 ×1個

＋ ◆太白粉水…1/2小匙　◆鹽巴…少許

〔製作方法〕

把雞柳、小番茄、蔬菜湯、1大匙的水放進鍋裡，用小火烹煮至沸騰。混入太白粉水，稍微勾芡，混入鹽巴。

◀ 香煎胡蘿蔔

▼ 蘿蔔柴魚粥

晚餐

▲ 肉丸菠菜味噌煮

主菜是煮物，
所以副菜改變調理法，
採用香煎

撒上柴魚片，
增添風味
蘿蔔柴魚粥

〔材料〕

5倍粥
×1個
＋
蘿蔔
×6條

＋ ◆柴魚片…少許

〔製作方法〕

1 把盛裝5倍粥的容器蓋子打開，輕輕蓋上保鮮膜，用微波爐加熱1分30秒。蘿蔔放進耐熱容器，輕輕蓋上保鮮膜，用微波爐加熱40秒。

2 用叉子把步驟❶的蘿蔔壓碎，鋪在粥上面，撒上柴魚片。

運用少許鹽味來帶出胡蘿蔔的甜
香煎胡蘿蔔

〔材料〕

胡蘿蔔
×6條
＋
◆油…少許
◆鹽巴…少許

〔製作方法〕

在平底鍋塗上一層薄薄的油，加熱，放進胡蘿蔔。炒至呈現焦色後，撒上鹽巴。

溶入味噌風味的菠菜是一絕
肉丸菠菜味噌煮

〔材料〕

豬肉丸
×6個
＋
菠菜
×1個
＋
蔬菜湯
×1個

＋ ◆太白粉水…1/2小匙　◆味噌…少許

〔製作方法〕

把豬肉丸、菠菜、蔬菜湯放進耐熱容器，輕輕蓋上保鮮膜，用微波爐加熱50秒。混入太白粉水，再加熱20秒。混入味噌。

胡蘿蔔蘿蔔味噌湯▶

◀肉丸番茄粥

混入許多配菜的粥，容易達到營養均衡

◀鮭魚菠菜湯

在食慾不振的時候，可以試著添加海苔等增添風味的食材

胡蘿蔔
海苔粥▶

只要在容器裡，用叉子把配菜壓碎，就不需要菜刀

胡蘿蔔蘿蔔味噌湯

〔材料〕

胡蘿蔔、
蘿蔔
×各6條
＋
蔬菜湯
×1個
＋
◆味噌…少許

〔製作方法〕

把胡蘿蔔、蘿蔔、蔬菜湯、2大匙的水放進耐熱容器，輕輕蓋上保鮮膜，用微波爐加熱1分鐘。用叉子把胡蘿蔔、蘿蔔壓碎，混入味噌。

壓碎的肉丸和番茄的豐富鮮味

肉丸番茄粥

〔材料〕

5倍粥
×1個
＋
豬肉丸
×6個
＋
小番茄
×1個

＋
◆鹽巴…少許

〔製作方法〕

1 把盛裝5倍粥的容器蓋子打開，輕輕蓋上保鮮膜，用微波爐加熱1分30秒。

2 把豬肉丸、小番茄、1大匙的水放進耐熱容器，輕輕蓋上保鮮膜，用微波爐加熱1分鐘。輕輕壓碎肉丸，混入步驟❶的粥和鹽巴。

一邊觀察寶寶的狀況，一邊改變鮭魚的粗細度

鮭魚菠菜湯

〔材料〕

鮭魚
×1個
＋
菠菜
×1個
＋
蔬菜湯
×1個

＋
◆太白粉水…3/4小匙
◆醬油…少許

〔製作方法〕

把鮭魚、菠菜、蔬菜湯、2大匙的水放進鍋裡，用小火烹煮至沸騰。混入太白粉水，勾芡。加入醬油，混入搓散的鮭魚。

海苔香氣和胡蘿蔔的甜味很契合

胡蘿蔔海苔粥

〔材料〕

5倍粥
×1個
＋
胡蘿蔔
×10條
＋
◆鹽巴…少許
◆海苔…少許

〔製作方法〕

1 把盛裝5倍粥的容器蓋子打開，輕輕蓋上保鮮膜，用微波爐加熱1分30秒。胡蘿蔔放進耐熱容器，輕輕蓋上保鮮膜，用微波爐加熱40秒。

2 把步驟❶的胡蘿蔔切成碎粒，把步驟❶的粥、鹽巴混入。裝盤，鋪上切碎的海苔。

Friday
❄ 星期五 ❄

南瓜蘿蔔煎餅 ▶

▼雞肉高麗菜裙帶菜
湯細麵

晚餐

這個時期試著採用
1天1次的手抓料理吧！

🔲 食材的鮮味滲入細麵
雞肉高麗菜裙帶菜湯細麵

〔材料〕

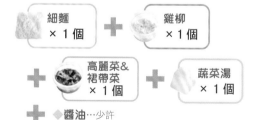

細麵 ×1個	＋	雞柳 ×1個

＋ 高麗菜&裙帶菜 ×1個 ＋ 蔬菜湯 ×1個

＋ ◆醬油…少許

〔製作方法〕

把細麵、雞柳、高麗菜&裙帶菜、蔬菜湯、2大匙的水放進耐熱容器，輕輕蓋上保鮮膜，用微波爐加熱2分鐘。混入醬油。

🔲 容易手抓、容易一口咬
南瓜蘿蔔煎餅

〔材料〕

南瓜 ×1次量 (13～16條)	＋	蘿蔔 ×6條

＋ ◆太白粉水…1/2小匙　◆鹽巴…少許　◆油…少許

〔製作方法〕

1　把南瓜、蘿蔔放進耐熱容器，輕輕蓋上保鮮膜，用微波爐加熱50秒。用叉子壓碎南瓜和蘿蔔，混入太白粉水、鹽巴。分成6等分，捏成厚度5mm的棒狀。

2　平底鍋抹上一層薄薄的油，加熱後，排放上步驟❶的食材。雙面煎至呈焦色即可。

◀番薯拌原味優格

▼鮪魚番茄燉飯

怕吃酸的寶寶只要利用番薯或鮪魚的鮮甜，就會更容易入口

六日不使用冷凍食材，直接用家裡現有的食材快速調理。

▌利用常備食材增加味道的變化吧！

在可以吃的食材增多，營養均衡也相當重要的這個時期，菜單的設計往往令人傷透腦筋。只要掌握庫存食材的組合方法，就可以讓味覺變化更加多元、豐富。

番茄風味
利用番茄泥＋鮪魚罐＋起司粉增添濃郁

番茄泥（亦可使用生的番茄和番茄罐）只要加上少量的鮪魚罐和起司，就算沒有經過熬煮，仍然可以製作出濃郁的醬。不管是粥、麵或者是蔬菜、蛋白質來源，任何食材都可以搭配（→參考左欄的「鮪魚番茄燉飯」）。

牛奶風味
昆布高湯＋牛乳使味道更濃郁

除了製作成湯之外，只要用太白粉加以勾芡，就可以製作出白醬般的口感，也可以用來製作焗烤。

食物纖維豐富，可調整腸胃狀況

▌番薯拌原味優格

〔材料〕
◆**番薯**…20g（厚度1.5cm的片狀1片）
◆**原味優格**…1大匙

〔製作方法〕
1 番薯切成5mm丁塊，烹煮後，把水瀝乾，放涼。
2 把步驟❶的番薯和原味優格拌在一起。

只要把冰箱裡現有的蔬菜切碎加入就OK！

▌鮪魚番茄燉飯

〔材料〕
◆**5倍粥**…冷凍包1個（或是準備80g）
◆**鮪魚罐**（水煮、不添加食鹽）…1又1/2大匙
◆**洋蔥**…15g（厚度1.5cm的梳形切1塊）
◆**日本油菜**…5g（葉菜2片）　◆**番茄泥**…1小匙
◆**起司粉**…少許

〔製作方法〕
1 把盛裝5倍粥的容器蓋子打開，輕輕蓋上保鮮膜，用微波爐加熱1分30秒。洋蔥、日本油菜烹煮後，瀝乾水分，切成細末後，放回鍋裡。
2 把粥、鮪魚、番茄泥混進步驟❶的鍋裡煮沸。裝盤後，撒上起司粉。

 速成技巧
番薯、洋蔥和日本油菜用同一個鍋子同時烹煮。

‖‖‖‖‖ **速成副食品的小巧思** ‖‖‖‖‖

😊 **分裝的副食品簡單輕鬆！**

把用高湯烹煮的食材取出，切碎給寶寶吃，或勾芡或加些少許的調味料。這樣就可以完成1道料理，非常簡單、輕鬆。（洋介媽媽）

😊 **罩衫式圍裙大活躍！**

餵寶寶吃早餐是爸爸出門上班之前的工作。可是，寶寶會亂丟湯匙，有時也會把爸爸的襯衫弄髒。於是我就上網買了罩衫式圍裙給爸爸穿，預防他的襯衫被弄髒。（小玲媽媽）

晚餐

豆腐紅椒蓮藕羹

裙帶菜粥

難以消化的裙帶菜切碎，
適合練習咀嚼的
豆腐切成大塊

用蓮藕泥增添黏稠度
豆腐紅椒蓮藕羹

〔材料〕

◆嫩豆腐…50g（1/6塊）

◆紅椒…10g（寬度1cm的細條1條）

◆蓮藕…20g（厚度1.5cm的片狀1片）

◆油…少許　◆高湯…1大匙　◆醬油…少許

〔製作方法〕

1 紅椒去皮，切成5mm丁塊。豆腐切成1cm丁塊。一起烹煮後，瀝乾水分。蓮藕磨成泥。

2 在平底鍋抹上一層薄薄的油，加熱後，放進步驟❶的甜椒拌炒。加入高湯、蓮藕，用小火烹煮至產生黏稠度為止。混入步驟❶的豆腐、醬油。

用大量礦物質的乾燥裙帶菜增加營養價值
裙帶菜粥

〔材料〕

◆5倍粥…冷凍包1個（或是準備80g）

◆乾燥裙帶菜…4片

〔製作方法〕

1 把盛裝5倍粥的容器蓋子打開，輕輕蓋上保鮮膜，用微波爐加熱1分30秒。

2 裙帶菜烹煮後切碎，混進步驟❶的粥裡面。

↻ 速成技巧
　　蓮藕和裙帶菜一起烹煮。

寶寶最愛玉米的溫和甜味
蕪菁玉米湯

〔材料〕

◆蕪菁…15g（厚度5mm的片狀1片。蕪菁葉1片（若有））

◆奶油玉米罐…2大匙　◆牛乳…2大匙

〔製作方法〕

1 蕪菁和蕪菁葉烹煮後，切成碎粒。

2 把奶油玉米、牛乳、1大匙的水放進耐熱容器，輕輕蓋上保鮮膜，用微波爐加熱1分鐘。混入步驟❶的蕪菁和蕪菁葉。

用橄欖油增添濃郁
黃豆青花菜義大利麵羹

〔材料〕

◆義大利麵（1.4mm）…15g　◆水煮黃豆…1又1/2大匙（15g）

◆青花菜…10g（1小朵）　◆高湯…3大匙

◆太白粉水…1小匙　◆醬油…少許

◆橄欖油…少許　◆柴魚片…少許

〔製作方法〕

1 用鍋子煮沸大量的熱水。把義大利麵折成1cm，放進黃豆，烹煮5分鐘。加入青花菜，再烹煮5分鐘，用濾網撈起，瀝乾水分。黃豆去除薄皮，切成碎粒，青花菜切成5mm丁塊。

2 把步驟❶的黃豆和青花菜、高湯放進鍋裡，煮沸之後，用太白粉水勾芡。混入醬油、橄欖油。

3 義大利麵裝盤，淋上步驟❷的芡汁，用手指把柴魚片搓成碎片，撒在上面。

↻ 速成技巧
　　蕪菁和蕪菁葉可以在「黃豆青花菜義大利麵羹」的步驟❶一起放進鍋裡。

有效運用乾麵和罐頭的
午餐菜單

午餐

蕪菁玉米湯

◀黃豆青花菜
義大利麵羹

◀ 胡蘿蔔蒸麵包

蔬菜牛奶湯

> 沒有庫存的主食時，
> 建議可用常備食材
> 製作的蒸麵包！

 鬆軟的烤麩和雞蛋的稠滑超美味

烤麩洋蔥雞蛋丼

〔材料〕

◆ **5倍粥**…冷凍包1個（或是準備80g）

◆ **烤麩**…2個　◆ **蛋汁**…2大匙（1/2顆）

◆ **洋蔥**…15g（厚度1.5mm的梳形切1塊）

◆ **高湯**…100ml　**醬油**…1/4小匙　◆ **海苔**…少許

〔製作方法〕

1 把盛裝5倍粥的容器蓋子打開，輕輕蓋上保鮮膜，用微波爐加熱1分30秒。裝盤。

2 烤麩用水泡軟，連同洋蔥一起切成5mm丁塊。放進小的平底鍋，加入高湯，蓋上鍋蓋烹煮。

3 混入醬油，淋入蛋汁。用小火烹煮直到雞蛋結塊。鋪在步驟❶的粥上面，撒上撕碎的海苔。

任何蔬菜都適合拌納豆，只要學起來，就會相當便利

青江菜拌納豆

〔材料〕

◆ **青江菜**…15g（1又1/2片）

◆ **碾割納豆**…1大匙

◆ **醬油**…少許

〔製作方法〕

把青江菜切成5mm丁塊，放進耐熱容器，加入1大匙的水，輕輕蓋上保鮮膜，用微波爐加熱1分鐘。稍微瀝乾，混入納豆、醬油。

冰箱裡的蔬菜或黃豆粉也可以用來取代胡蘿蔔

胡蘿蔔蒸麵包

〔材料〕

◆ **胡蘿蔔**…10g（厚度5mm的片狀1片）

◆ **麵粉**…小於3大匙※　◆ **牛乳**…2大匙

◆ **發酵粉**…小於1/4小匙※

◆ **砂糖**…1/2小匙※

※也可以用3大匙鬆餅粉來代替麵粉、發酵粉、砂糖。

〔製作方法〕

1 胡蘿蔔烹煮後，切成細末。用調理碗混合砂糖、牛乳、1大匙的水。把混合好的麵粉和發酵粉加入調理碗，持續混合到沒有結塊為止。混入胡蘿蔔，分成2等分後，分裝至矽膠杯。

2 把步驟❶的麵糰擺放在耐熱盤上面，輕輕蓋上保鮮膜，用微波爐加熱1分10秒。放涼後，切成容易食用的大小。

由昆布高湯和牛乳混合而成的日式牛奶湯

蔬菜牛奶湯

〔材料〕

◆ **胡蘿蔔**…10g（厚度5mm的片狀1片）

◆ **白菜**…15g（菜葉12cm方形1片）

◆ **牛乳**…2大匙

◆ **高湯昆布**…1cm長（或是無添加的昆布高湯粉末1/4小匙）

◆ **太白粉**…1/2小匙　◆ **鹽巴**…少許

〔製作方法〕

1 把200ml的水、高湯昆布、胡蘿蔔、白菜放進鍋裡，烹煮至軟爛。

2 撈出胡蘿蔔、白菜，切成5mm丁塊，放回鍋裡。混入牛乳和太白粉勾芡，混入鹽巴。

↻ 速成技巧

胡蘿蔔一次烹煮，就可以分別應用在蒸麵包和湯裡面。

把口感不同的食材加以搭配組合

▲烤麩洋蔥雞蛋丼

青江菜拌納豆 ▶

午餐

晚餐

◀ 鮪魚馬鈴薯煎餅

▼ 胡蘿蔔羊栖菜粥

可以使用星期六
沒有吃完的鮪魚

豆腐日本油菜羹

羊栖菜只要使用罐頭或真空包，就不需要費時泡軟！
胡蘿蔔羊栖菜粥

〔材料〕

◆ **5倍粥**…冷凍包1個（或準備80g）
◆ **胡蘿蔔**…10g（厚度5mm的片狀1片）
◆ **羊栖菜**…2小匙

〔製作方法〕

1 把盛裝5倍粥的容器蓋子打開，輕輕蓋上保鮮膜，用微波爐加熱1分30秒。

2 胡蘿蔔切成5mm丁塊，羊栖菜切成細末。一起放進耐熱容器，加入1大匙的水，輕輕蓋上保鮮膜，用微波爐加熱1分鐘。把水分瀝乾，混入步驟❶的粥裡面。

鮪魚和馬鈴薯也十分搭調
鮪魚馬鈴薯煎餅

〔材料〕

◆ **鮪魚罐**（水煮，不添加食鹽）
   …1大匙（10g）
◆ **馬鈴薯**…20g（1/6個）
◆ **太白粉**…1/2小匙
◆ **鹽巴**…少許　◆ **油**…少許

〔製作方法〕

1 將馬鈴薯切成5mm厚度，放進耐熱容器，淋上1大匙的水，輕輕蓋上保鮮膜，用微波爐加熱1分30秒。

2 把馬鈴薯的水分瀝乾後壓碎，混入鮪魚、太白粉、鹽巴，分成6等分，搓捏成橢圓形。

3 平底鍋抹上薄薄的一層油，加熱，放入步驟❷的鮪魚馬鈴薯，把兩面煎成焦色。

就算沒有高湯也能馬上完成！
豆腐
日本油菜羹

〔材料〕

◆ **嫩豆腐**…25g（3cm丁塊）
◆ **日本油菜**…10g（菜葉4片）
◆ **洋蔥**…10g（厚度1cm的梳形切1塊）
◆ **柴魚片**…1小撮
◆ **熱水**…100ml
◆ **太白粉水**…1小匙
◆ **醬油**…少許

〔製作方法〕

1 把濾茶網放在耐熱容器上面，放進柴魚片，淋入熱水，浸泡至熱水變冷，留下湯汁備用。

2 把豆腐、日本油菜、洋蔥切成5mm丁塊，用步驟❶的高湯烹煮。用太白粉水勾芡，混入醬油。

用力咬嚼期 的進展方法

3餐＋點心，徹底補充營養

抓食技巧變得精進，同時也是萌生使用湯匙等想法的時期。

增添抓食 或是用湯匙 自己吃的想法

用門牙一口咬下，或是用牙齦咬吃。雖然有時會因為塞太多東西而作嘔，或是溢出嘴巴，不過正好可以達到練習的目的。不要馬上出手協助，在旁邊耐心守護寶寶吧！另外，這個時期的必須營養素幾乎都是來自於副食品。可是，因為寶寶的胃還很小，所以每次的食量還是很少。在正餐之間增加1～2次的點心，以彌補無法單靠三餐補充足夠的營養素吧！

食物塞滿嘴或是從嘴裡溢出，都是未來獨自吃飯的必經過程。只要先在周圍做好防護，就不用怕把環境弄得太髒，讓寶寶盡情恣意的抓食吧！

> 獨自使用湯匙或叉子吃飯的標準大約是2～3歲，試著準備寶寶用的餐具吧！從旁協助，幫寶寶把湯匙送到嘴邊吧！

這個時期的重點

食材
可以使用幾乎和大人相同的食材，就連油炸食物也OK。可是，對消化負擔較重的多油脂食物、味道濃郁的食物，或是太硬的食物、生食，仍要稍加控制。

調理
番茄醬、蜂蜜或醬汁等可使用的調味料增多，不過，要採用成人1/3左右的清淡口味。準備抓食用的骰子狀、橢圓狀、梳形狀、棒狀等各種形狀。

餵食方法
讓寶寶抓食時，必須有大人的協助。另外，為避免吃飯的時候分心，把玩具等會導致分心的東西從視線內移開吧！

一天的餵食時間表範例

7:00	配方奶❶
8:00	
9:00	
10:00	點心（補食）
11:00	
12:00	副食品❷
13:00	
14:00	
15:00	點心（補食）
16:00	
17:00	
18:00	副食品❸
19:00	
20:00	
21:00	
22:00	
23:00	
24:00	

> 稍微把用餐時間往前挪。

> 點心依食慾和運動量調整，1天1～2次。

●副食品畢業的檢查表●

□用門牙咬斷，用後牙壓碎
只要可以確實用手抓著食物，用門牙咬斷，再用後牙咬碎，寶寶就可以從輕度咀嚼期畢業了。

□讓寶寶積極使用湯匙
副食品畢業後的幼兒餐是以自己吃為基本，所以讓寶寶產生「自己使用湯匙、叉子吃飯」的想法是相當重要的事情。

□必要的營養素幾乎都來自於副食品
只要固定1天3餐＋點心1～2次，就可以邁入幼兒餐。

> 寶寶準備好了嗎？

1歲～1歲6個月的副食品　1餐分量和形狀

這個時期的必要營養素幾乎都來自於副食品。
先來了解寶寶容易吃的形狀和分量的標準吧！

> 副食品的分量和食材的硬度終究只是標準。請配合寶寶的需求調整。

主食　　熱量來源

〔食材的種類〕
以軟飯或白飯為基本，再加上麵包、麵或使用麵粉製作的餡餅吧！麵包也可以使用圓麵包。

〔**每餐的分量**〕 ※選擇下列的任一種
●軟飯…90g（兒童碗1碗）～白飯80g（兒童碗2/3碗）
●吐司…（8片切、切邊）3/4～1片左右
●圓麵包…1個
●細麵（乾麵）…30g左右

前半　軟飯
後半　白飯

主菜　　蛋白質來源

〔食材的種類〕
肉或魚類幾乎所有的種類都可以吃，不過，豬五花那種脂肪較多的部位，或是生魚片等生食則是NG。火腿或竹輪等加工食品也含有較多鹽分，所以要盡可能少量。

〔**每餐的分量**〕 ※選擇下列的任一種
●豆腐…50～55g（1/6塊）
●魚…15～20g（生魚片1.5～2塊）
●肉…15～20g（絞肉的話，則是1～1又1/3大匙）
●雞蛋…全蛋1/2～2/3顆

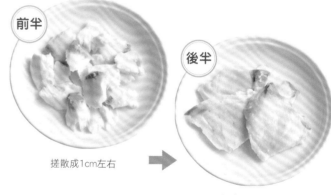

前半　搓散成1cm左右
後半　切成一口大小

配菜　　維他命、礦物質來源

〔食材的種類〕
採用各種蔬菜、香菇或海藻入菜，增加菜色的多元變化吧！挑戰抓食用的棒狀或是切丁塊、扇形切、切片、切絲等，各式各樣的形狀。

〔**每餐的分量**〕
蔬菜總計40～50g
●例：南瓜 20g（3cm塊狀1塊）＋小番茄 15g（1個）＋青花菜 10g（小朵1個）＋香菇 5g（1/4片）

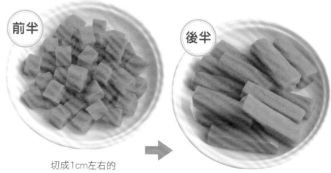

前半　切成1cm左右的丁塊
後半　試著挑戰切成方塊1cm×長度4cm的棒狀等，各式各樣的形狀吧！

※這個時期的食材種類和分量，也請一併參考P.90～91「按月齡分類　1餐標準量速查表」、P.92～93「按月齡分類　對寶寶有益和建議避免的食物清單」。

1～1歲6個月（用力咬嚼期）的
冷凍&速成副食品食譜

星期 一 ～ 五 　準備冷凍食譜的食材

青花菜

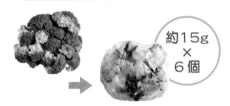

約15g × 6個

◆**青花菜**（菜穗）…90g（約2/3個）

❶青花菜切成1cm丁塊。 ❷放進耐熱容器，淋上1大匙的水，輕輕蓋上保鮮膜，用微波爐加熱2分鐘。 ❸分成6等分，用保鮮膜包裹冷凍。

切塊番茄

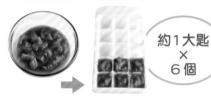

約1大匙 × 6個

◆**切塊番茄**（罐頭或冷凍包。番茄泥亦可） …90g

在製冰盤裡分別放進1大匙的切塊番茄，冷凍（去除番茄芯的部分）。

軟飯

約80g × 8個

◆**米**…300ml（255g）　◆**水**…600ml

❶把米和水放進飯鍋，用煮飯模式烹煮。煮好之後，燜蒸20分鐘。 ❷放涼後，分成8等分，裝進分裝容器（或用保鮮膜包裹），冷凍。
※軟飯用容易製作的分量製作，是本書1週7天份菜單的使用量。

調理的訣竅 軟飯也可以利用成人用的白飯來製作。把各3大匙的白飯和水放進耐熱容器，輕輕蓋上保鮮膜，用微波爐加熱2分鐘，再進一步燜蒸5分鐘即可。

日本油菜&玉米

約25g × 6個

◆**日本油菜**（菜葉）…90g　◆玉米罐…60g

❶日本油菜烹煮後，泡水，擠乾，切成碎粒。玉米把水分瀝乾。 ❷把日本油菜和玉米混在一起。 ❸分成6等分，用保鮮膜包裹，切割成2排3個冷凍。

鮪魚

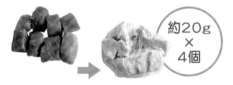

約20g × 4個

◆**鮪魚生魚片**（生魚片用，切塊）…80g

❶把鮪魚放進耐熱容器，淋上1大匙的水，輕輕蓋上保鮮膜，用微波爐加熱1分鐘。 ❷搓散成粗塊。 ❸分成4等分，用保鮮膜包裹冷凍。

義大利麵

約90g × 4個

◆**義大利麵**（1.4mm） …100g（※短麵、涼麵或烏龍麵也OK）

❶把義大利麵折成2cm長，烹煮10分鐘。直接放涼後，浸泡冷水，瀝乾。 ❷分成4等分，用保鮮膜包裹冷凍。

雞肉和甜椒

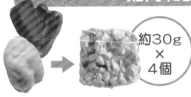

約30g × 4個

◆**雞胸肉**…80g
◆**太白粉**…1小匙
◆**紅椒**（去皮） …40g（1/2個）
◆**橄欖油**…少許

❶把紅椒切成7～8mm丁塊，雞胸肉薄削成片之後，再切成7～8mm丁塊，撒上太白粉。 ❷用平底鍋加熱橄欖油後，放進甜椒拌炒，加入雞肉，持續翻炒至熟透。 ❸分成4等分，用保鮮膜包裹冷凍。

漢堡排

約16個

◆**牛豬混合絞肉**…80g
◆**牛乳**…2大匙
◆**麵包粉**…2大匙
◆**鹽巴**…少許
◆**油**…少許

❶把油以外的材料放進塑膠袋裡混合，分成16等分，搓捏成橢圓形。 ❷平底鍋薄塗一層油加熱，放進步驟❶的漢堡排，蓋上鍋蓋，把兩面煎至焦色。 ❸放涼後，放進冷凍保鮮袋冷凍。

星期 六 日
速成食譜使用的食材

長時間保存的食材
◆鬆餅粉
◆涼麵　　　◆冬粉
◆凍豆腐　　◆雞柳罐頭
◆鮭魚水煮罐頭
◆奶油玉米罐頭
◆黃豆粉

可保存一周的食材
（蔬菜保存法參考 P.51）
◆木綿豆腐
◆原味優格
◆小粒納豆　　◆青江菜
◆高麗菜　　　◆小番茄
◆洋蔥　　　　◆馬鈴薯
◆南瓜　　　　◆蘋果
◆胡蘿蔔　　　◆蓮藕
◆蘿蔔乾　　　◆白菜

其他（調味料）
◆麵包粉　　　◆高湯
◆昆布高湯

洋蔥&鴻喜菇

約35g
×
6個

◆洋蔥（去皮）…100g（1/2個）
◆鴻喜菇（去除蒂頭）…50g（1/2袋）
◆小蔥（若有）…1支
◆高湯…200ml

❶洋蔥和鴻喜菇切成7～8mm丁塊，小蔥切成小蔥花。　❷用高湯烹煮洋蔥和鴻喜菇，加入小蔥，烹煮至熟透。用濾網撈起（煮汁預留備用）。　❸分成6等分，放進分裝容器，分別淋上1大匙煮汁冷凍。

蔬菜湯（煮汁）

約1大匙
×
14個

◆胡蘿蔔、蘿蔔的煮汁…210ml左右

把胡蘿蔔、蘿蔔的煮汁分成14等分，倒進製冰盒冷凍。

番薯

約54條
（1次8～9條
，6次量）

◆番薯（去皮）…120g（1/3條）

❶番薯切成方形1cm×長2cm，泡水去除澀味。　❷用水烹煮步驟❶的番薯，熟透後，用濾網撈起，把水瀝乾，放涼。　❸放進冷凍保鮮袋冷凍。

胡蘿蔔、蘿蔔（條）

各
約30條

◆胡蘿蔔（去皮）…120g（4/5條）
◆蘿蔔（去皮）
　　…120g（厚度4cm的片狀1片）
◆高湯…300ml

❶分別把胡蘿蔔、蘿蔔切成方形1cm×長4cm。　❷用高湯煮到變軟。　❸用濾網撈起，把煮汁分開（煮汁當成蔬菜湯使用）。　❹裝進保鮮袋冷凍。

Pick UP！
速成食譜的食材活用法

**❶罐頭搭配
正常烹煮的白飯！**
利用雞柳罐頭、奶油玉米罐頭和一般的白飯所完成的單盤料理。沒有食材庫存的時候也能安心。
〔速成食譜〕
P.87「雞肉洋蔥玉米焗飯」

**❷納豆和蘿蔔乾
就能製作出營養價值
極高的料理！**
和一般的白飯一起拌炒，炒飯就完成了。
〔速成食譜〕
P.89「納豆蘿蔔乾炒飯」

星期 一 ～ 日　不冷凍食材

◆麵粉　◆太白粉　◆醬油　◆味噌
◆鹽巴　◆砂糖　◆美乃滋　◆番茄醬
◆奶油
◆油（沙拉油、橄欖油、芝麻油）

◆吐司　　◆起司片

◆雞蛋　　◆牛乳　　◆海苔　　◆青海苔　　◆起司粉

◆木綿豆腐　◆烤麩　　◆海苔絲　　◆柴魚片　　◆白芝麻粉

◀ 芝麻拌番薯青花菜

▼ 鮪魚洋蔥鴻喜菇拉麵

就算過了1歲，調味還是要以「清淡」為基礎

午餐

晚餐

雞肉甜椒番茄湯

日本油菜玉米三明治

只要趁製作三明治的期間，用微波爐把湯加熱，就完成了♪

可以品嚐到蔬菜美味的芝麻拌菜

芝麻拌番薯青花菜

〔材料〕

| 番薯 ×1次量（8～9條） | + | 青花菜 ×1個 |

+ ◆白芝麻粉…1/2片　◆砂糖…少許　◆鹽巴…少許

〔製作方法〕

把番薯和青花菜放進耐熱容器，輕輕蓋上保鮮膜，用微波爐加熱40秒。混入白芝麻粉、砂糖、鹽巴。

一點點醬油和芝麻油，適合寶寶吃的拉麵

鮪魚洋蔥鴻喜菇拉麵

〔材料〕

| 義大利麵 ×1個 | + | 鮪魚 ×1個 | + | 洋蔥＆鴻喜菇 ×1個 |

 蔬菜湯 ×1個　◆醬油…少許　◆芝麻油…少許　◆海苔…適量

〔製作方法〕

1 把鮪魚、洋蔥＆鴻喜菇、蔬菜湯、2大匙的水放進鍋裡。用小火烹煮，一邊把鮪魚搓散，一邊混入醬油、芝麻油。

2 用微波爐加熱義大利麵50秒，裝盤。淋上步驟❶的食材，把海苔撕碎，撒在上面。

雞肉甜椒的鮮味和甜味融入番茄湯裡

雞肉甜椒番茄湯

〔材料〕

| 雞肉＆甜椒 ×1個 | + | 切塊番茄 ×1個 | + | 蔬菜湯 ×1個 |

 + ◆鹽巴…少許　◆青海苔…少許

〔製作方法〕

把雞肉＆甜椒、切塊番茄、蔬菜湯、1大匙的水放進耐熱容器，輕輕蓋上保鮮膜，用微波爐加熱1分鐘，混入鹽巴。裝盤，撒上青海苔。

用少量的美乃滋混合青菜和玉米

日本油菜玉米三明治

〔材料〕

| 日本油菜＆玉米 ×1個 | + | ◆吐司（8片切、切邊）…1片　◆美乃滋…1/2小匙 |

〔製作方法〕

1 把日本油菜＆玉米放進耐熱容器，輕輕蓋上保鮮膜，用微波爐加熱30秒。放涼後，混入美乃滋。

2 吐司切成對半，2片一組。夾上步驟❶的食材，輕輕按壓，切成容易食用的大小。

※本書的食譜使用600W的微波爐。另外，太白粉水的比例是水2：太白粉1。

晚餐

照燒漢堡排

日本油菜玉米的拌飯

胡蘿蔔、蘿蔔味噌湯

綠色、黃色、紅色、茶色。
色彩鮮豔，營養均衡。

混入一點點鹽，
讓甜味更明顯

日本油菜玉米拌飯

〔材料〕

 軟飯 ×1個 ＋ 日本油菜＆玉米 ×1個

＋ ◆鹽巴…少許

〔製作方法〕

把盛裝軟飯的容器蓋子打開，輕輕蓋上保鮮膜，用微波爐加熱1分30秒。把日本油菜＆玉米放進耐熱容器，輕輕蓋上保鮮膜，用微波爐加熱30秒。把軟飯、日本油菜＆玉米、鹽巴混合拌勻。

醬汁混合後，
再用微波爐加熱即可！

照燒漢堡排

〔材料〕

 漢堡排 ×4個

＋ 醬汁 ◆太白粉…1/8小匙
◆砂糖…1/4小匙
◆醬油…1/4小匙

〔製作方法〕

1 把漢堡排放進耐熱容器，輕輕蓋上保鮮膜，用微波爐加熱40秒。

2 把醬汁材料和1大匙的水放進耐熱容器混合，輕輕蓋上保鮮膜，用微波爐加熱20秒，攪拌混和。把步驟❶的醬汁淋在漢堡排上面。

只要在容器中，用叉子把胡蘿蔔和蘿蔔壓碎，就能簡單完成

胡蘿蔔、蘿蔔味噌湯

〔材料〕

 胡蘿蔔、蘿蔔 ×各4條 ＋ 蔬菜湯 ×1個

＋ ◆味噌…1/6小匙

〔製作方法〕

把胡蘿蔔、蘿蔔、蔬菜湯和2大匙的水放進耐熱容器，輕輕蓋上保鮮膜，用微波爐加熱1分鐘。用叉子把胡蘿蔔、蘿蔔切成1cm丁塊，混入味噌。

海苔不容易咬斷，
一邊觀察寶寶的狀況，
一邊調整用量

早餐

青海苔起司吐司▶

◀漢堡排蔬菜燉湯

只要趁製作三明治的期間，
用微波爐把湯加熱，
就完成了♪

柴魚海苔飯糰

鮪魚洋蔥鴻喜菇
番茄煮

午餐

使用風味濃郁的柴魚片和海苔
柴魚海苔飯糰

〔材料〕

軟飯
×1個
+
◆柴魚片…1小撮
◆醬油…少許
◆碎海苔…適量

〔製作方法〕

1 把盛裝軟飯的容器蓋子打開，輕輕蓋上保鮮膜，用微波爐加熱1分30秒。混入柴魚片、醬油。

2 把拌好的飯分成5等分，用保鮮膜捏成棒狀後，撒上切碎的海苔。
※簡單捏飯糰的訣竅請參考P.86。

只要用微波爐加熱，就能有燉煮般的濃郁美味
鮪魚洋蔥鴻喜番茄煮

〔材料〕

鮪魚
×1個
+
洋蔥&
鴻喜菇
×1個

+
切塊番茄
×2個
+
◆醬油…少許

〔製作方法〕

把盛裝洋蔥&鴻喜菇的容器蓋子打開，用微波爐加熱30秒。移到耐熱容器後，加入切塊番茄，輕輕蓋上保鮮膜，再加熱1分鐘。加入醬油，把鮪魚搓散混入。

只要在烤土司的期間，把冷凍食材放進鍋裡加熱就完成了
青海苔起司吐司

〔材料〕

◆吐司（8片切、切邊）…1片　　◆起司片…1/2片
◆青海苔…少許

〔製作方法〕

吐司縱切成4等分，製作成條狀。把起司片撕碎鋪上，放進烤箱烘烤。撒上青海苔。

放入大量的蛋白質來源、礦物質與維生素來源
漢堡排蔬菜燉湯

〔材料〕

漢堡排
×3個
+
胡蘿蔔、
蘿蔔
×各4條

+
青花菜
×1個
+
蔬菜湯
×1個

+
◆牛乳…2大匙　　◆太白粉…1/3小匙　　◆鹽巴…少許

〔製作方法〕

把漢堡排、胡蘿蔔、蘿蔔、青花菜、蔬菜湯、2大匙的水放進鍋裡。用小火烹煮至沸騰，用叉子把胡蘿蔔、蘿蔔切成1cm丁塊。混入牛乳和太白粉，烹煮至產生濃稠感，混入鹽巴。

Tuesday
❄ 星期二 ❄

菜葉蔬菜、果菜、根莖類蔬菜，
使用了各種蔬菜的菜單

◀日本油菜玉米湯

▼雞肉甜椒拿坡里義大利麵

香煎番薯胡蘿蔔

用平底鍋香煎，
既美味又能保留口感

香煎番薯
胡蘿蔔

〔材料〕

 番薯
×1次量
（8～9條）
+
 胡蘿蔔
×4條

+ ◆橄欖油…少許　◆鹽巴…少許

〔製作方法〕

把橄欖油倒進平底鍋加熱，放進番薯、胡蘿蔔，用小火翻炒，撒上鹽巴。

 Point　義大利麵如果留到香煎之後再製作，就可以只用一個平底鍋。

滴一點醬油增添風味

日本油菜
玉米湯

〔材料〕

 日本油菜
＆玉米
×1個
+
 蔬菜湯
×1個

+ ◆醬油…少許

〔製作方法〕

把日本油菜＆玉米、蔬菜湯、2大匙的水放進耐熱容器，輕輕蓋上保鮮膜，用微波爐加熱1分鐘。混入醬油。

加水之後再加入番茄醬，
所以即便少量仍氣味十足

雞肉甜椒
拿坡里義大利麵

〔材料〕

 義大利麵
×1個

+

 雞肉＆
甜椒
×1個

+ ◆橄欖油…少許
◆番茄醬…1/2小匙
◆青海苔…少許

〔製作方法〕

1 義大利麵用微波爐加熱50秒。

2 把橄欖油、雞肉＆甜椒和1小匙的水放進平底鍋。用小火煮溶，混入步驟❶的義大利麵、番茄醬拌炒。裝盤，撒上青海苔。

用醬油和橄欖油製作出香氣濃郁的湯
番薯青花菜湯

〔材料〕

番薯 ×1次量（8～9條） + 青花菜 ×1個 + 蔬菜湯 ×1個

+ ◆醬油…少許 ◆橄欖油…少許

〔製作方法〕

把番薯、青花菜、蔬菜湯、2大匙的水放進耐熱容器，輕輕蓋上保鮮膜，用微波爐加熱1分鐘。用叉子把番薯切成1cm丁塊，混入醬油、橄欖油。

運用柴魚片和醬油，製作出不需要高湯的日式義大利麵
雞肉甜椒蘿蔔義大利麵羹

〔材料〕

義大利麵 ×1個 + 雞肉&甜椒 ×1個 + 蘿蔔 ×4條

+ 蔬菜湯 ×1個 + ◆太白粉水…1小匙
◆柴魚片…1小撮
◆醬油…1/4小匙
◆碎海苔…適量

〔製作方法〕

1 用微波爐加熱義大利麵50秒，裝盤。

2 把雞肉&甜椒、蘿蔔、蔬菜湯、2大匙的水放進耐熱容器，輕輕蓋上保鮮膜，用微波爐加熱1分鐘。把蘿蔔取出，切成薄片後放回。混入太白粉水，進一步加熱20秒，混入柴魚片、醬油。淋在步驟❶的義大利麵上面，鋪上切碎的海苔。

寶寶開始對叉子感興趣後，插上略大的配菜，讓寶寶拿著吃吧！

午餐

番薯青花菜湯

雞肉甜椒
蘿蔔義大利麵羹

早餐

胡蘿蔔法式吐司

▽日本油菜玉米雞蛋湯

法式吐司和雞蛋湯
雞蛋分別用於

抹上胡蘿蔔，增加營養
胡蘿蔔法式吐司

〔材料〕

胡蘿蔔 ×2條 + ◆吐司（8片切、切邊）…1片
◆蛋汁…1大匙（1/4顆）
◆牛乳…2大匙
◆奶油（或是油）…少許

〔製作方法〕

1 把胡蘿蔔放進耐熱容器，輕輕蓋上保鮮膜，用微波爐加熱30秒。切除細末。

2 吐司切成8等分的條狀。把蛋汁、牛乳、步驟❶的胡蘿蔔放進調理碗混合，浸泡吐司。

3 用平底鍋加熱奶油，放入步驟❷的吐司，用小火把雙面煎成焦色。

玉米粒和鬆軟的雞蛋充滿甜味
日本油菜玉米雞蛋湯

〔材料〕

日本油菜&玉米 ×1個 + 蘿蔔 ×2條 + 蔬菜湯 ×1個

+ ◆蛋汁…1大匙（1/4顆） ◆醬油…少許

〔製作方法〕

1 把日本油菜&玉米、蘿蔔、蔬菜湯、3大匙的水放進鍋裡，烹煮至沸騰。撈出蘿蔔，切成5mm長，放回鍋裡。

2 淋入蛋汁，混入醬油，烹煮至雞蛋熟透。

晚餐

◀香煎豆腐
佐洋蔥鴻喜菇醬

一個平底鍋完成
2道料理♪

味噌烤飯糰

烤麩胡蘿蔔蘿蔔湯

烤飯糰的形狀確實，
容易用手抓

味噌烤飯糰

〔材料〕

軟飯
×1個

◆味噌…少許
◆青海苔…少許
◆太白粉…1/4小匙
◆油…少許

〔製作方法〕

1 把盛裝軟飯的容器蓋子打開，輕輕蓋上保鮮膜，用微波爐加熱1分30秒。混入味噌、青海苔、太白粉，分成4等分，捏成橢圓形。

2 把油倒進平底鍋加熱，放進步驟❶的飯糰，把兩面煎成焦色。

Point 味噌烤飯糰和豆腐一起煎，會更有效率。

冷凍漢堡排壓碎後，化身成絞肉

香煎豆腐佐洋蔥鴻喜菇醬

〔材料〕

漢堡排
×1個
＋
洋蔥&
鴻喜菇
×1個
＋
◆木綿豆腐…40g（1/8塊）
◆太白粉…少許
◆油…少許
◆太白粉水…1/2小匙
◆醬油…少許

〔製作方法〕

1 豆腐切成1cm厚，用廚房紙巾包起來，吸乾水分。撒上薄薄的一層太白粉。將油倒入平底鍋，放進豆腐，把雙面煎成焦色。裝盤。

2 把盛裝洋蔥&鴻禧菇的容器蓋子打開，輕輕蓋上保鮮膜，用微波爐加熱40秒。放進平底鍋，再放進漢堡排、1大匙的水，一邊把漢堡排壓碎，一邊烹煮至沸騰。混入太白粉水勾芡，加入醬油。淋在步驟❶的豆腐上面。

享受鬆軟烤麩和切碎的根莖類蔬菜的口感

烤麩胡蘿蔔蘿蔔湯

〔材料〕

胡蘿蔔、
蘿蔔
×各4條
＋
蔬菜湯
×1個
＋
◆烤麩…1個（用水泡軟）
◆醬油…少許

〔製作方法〕

把烤麩切成5mm丁塊。把烤麩和胡蘿蔔、蘿蔔、蔬菜湯、2大匙的水放進耐熱容器，輕輕蓋上保鮮膜，用微波爐加熱1分鐘。用叉子把胡蘿蔔、蘿蔔切碎成1cm丁塊，混入醬油。

早餐

青花菜煎蛋

蔬菜香菇雜炊

以分量較少的
副食品來說，
煎蛋的製作
非常簡單

番茄的隱約酸味和蘿蔔的甜味

蘿蔔番茄湯

〔材料〕

| 蘿蔔 ×4條 | + | 切塊番茄 ×1個 | + | 蔬菜湯 ×1個 |

+ ◆鹽巴…少許

〔製作方法〕

把蘿蔔、切塊番茄、蔬菜湯、2大匙的水放進耐熱容器，輕輕蓋上保鮮膜，用微波爐加熱1分鐘。用叉子把蘿蔔切成碎粒，混入鹽巴。

滲入肉的鮮味和調味料的甜鹹

漢堡排&日本油菜玉米燴飯

〔材料〕

| 軟飯 ×1個 | + | 漢堡排 ×4個 | + | 日本油菜 &玉米 ×1個 |

+ ◆砂糖…少許
◆醬油…少許
◆芝麻油…少許
◆太白粉水…1小匙

〔製作方法〕

1 把盛裝軟飯的容器蓋子打開，輕輕蓋上保鮮膜，用微波爐加熱1分30秒。裝盤。

2 把漢堡排、日本油菜&玉米、3大匙的水放進耐熱容器，輕輕蓋上保鮮膜，用微波爐加熱50秒。用叉子把漢堡排切成對半，混入砂糖、醬油、芝麻油、太白粉水，再加熱20秒，攪拌混和。淋在步驟❶的軟飯上面。

製作成煎蛋，寶寶比較容易抓食

青花菜煎蛋

〔材料〕

| 青花菜 ×1個 | + | ◆蛋汁 …2大匙（1/2顆） ◆牛乳…1小匙 | ◆鹽巴…少許 ◆油…少許 |

〔製作方法〕

1 直接把用保鮮膜包裹的青花菜放進耐熱容器，用微波爐加熱30秒，切成細末。加入蛋汁、牛乳、鹽巴。

2 把油倒進平底鍋加熱，放入步驟❶的食材。用橡膠鍋鏟攪拌烹煮至半熟。翻折成三折，直到雙面呈現焦色並熟透後，蓋上鍋蓋，用小火煎煮。放涼後，切成容易食用的大小。

可攝取到大量蔬菜的主食

蔬菜香菇雜炊

〔材料〕

| 軟飯 ×1個 | + | 洋蔥& 鴻喜菇 ×1個 |

| + | 胡蘿蔔 ×2條 | + | 蔬菜湯 ×1個 | + | ◆醬油…少許 ◆碎海苔…適量 |

〔製作方法〕

1 把盛裝軟飯的容器蓋子打開，輕輕蓋上保鮮膜，用微波爐加熱1分30秒。裝盤。

2 把洋蔥&鴻喜菇、胡蘿蔔、蔬菜湯、2大匙的水放進耐熱容器，輕輕蓋上保鮮膜，用微波爐加熱1分鐘。取出胡蘿蔔，切成薄片後放回，混入醬油。淋在步驟❶的軟飯上面，再鋪上碎海苔。

用微波爐
調理便可完成！

漢堡排&日本油菜
玉米燴飯

▲蘿蔔番茄湯

午餐

晚餐

蘿蔔煎餅要配合寶寶的
情況改變大小

◀ 番薯胡蘿蔔沙拉

▼ 青花菜味噌湯

鮪魚蘿蔔煎餅

可享受彈牙口感的煎餅
鮪魚
蘿蔔煎餅

〔材料〕

 鮪魚 × 1個 ＋ 蘿蔔 × 4條

＋
◆蛋汁…1大匙
◆牛乳…1大匙
◆醬油…少許
◆麵粉…3大匙
◆油…少許

〔製作方法〕

1 把鮪魚、蘿蔔、1大匙的水放進耐熱容器，輕輕蓋上保鮮膜，用微波爐加熱50秒。用叉子把鮪魚和蘿蔔壓碎，放涼。混入蛋汁、牛乳、醬油、麵粉。

2 把油倒進平底鍋加熱，倒入步驟❶的食材，攤平至12cm左右的寬度。蓋上鍋蓋，把兩面煎成焦色。切成容易吃的大小。

用少量的美乃滋
拌出適合寶寶的沙拉
番薯
胡蘿蔔沙拉

〔材料〕

 番薯 × 1次量 （8～9條） ＋ 胡蘿蔔 × 4條

＋ ◆美乃滋…1/2小匙

〔製作方法〕

把番薯、胡蘿蔔放進耐熱容器，輕輕蓋上保鮮膜，用微波爐加熱50秒。放涼後，混入美乃滋。

味噌風味誘出青花菜的甜
青花菜
味噌湯

〔材料〕

 青花菜 × 1個 ＋ 蔬菜湯 × 1個

＋ ◆味噌…1/6小匙

〔製作方法〕

把青花菜、蔬菜湯、2大匙的水放進耐熱容器，輕輕蓋上保鮮膜，用微波爐加熱1分鐘。混入味噌。

雞肉甜椒&胡蘿蔔白飯煎餅 ▶

早餐　　鮪魚根莖菜味噌湯 ▶

▼青花菜佐
芝麻粉飯糰

▼日本油菜
玉米牛奶湯

加了大量配菜的煎餅，分量十足

午餐

飯糰尺寸稍微比一口大小略大一些，製成可分好幾口的大小

■ 可感受到蔬菜溫和甜味的煎餅

雞肉甜椒&
胡蘿蔔白飯煎餅

〔材料〕

 軟飯 ×1個 ＋ 雞肉&甜椒 ×1個 ＋ 胡蘿蔔 ×2條

＋ ◆麵粉…2小匙　◆鹽巴…少許

〔製作方法〕

1 把盛裝軟飯的容器蓋子打開，輕輕蓋上保鮮膜，用微波爐加熱1分30秒。把雞肉&甜椒、胡蘿蔔放進耐熱容器，輕輕蓋上保鮮膜，加熱40秒。用叉子把胡蘿蔔切成碎粒，混入軟飯，混入麵粉、2小匙的水、鹽巴。

2 把油倒進平底鍋加熱，將步驟❶的食材攤平，把兩面煎成焦色。切成容易食用的大小。

■ 勾芡後，宛如配料豐富的燉湯

日本油菜玉米牛奶湯

〔材料〕

 日本油菜&玉米 ×1個 ＋ 洋蔥&鴻喜菇 ×1個

＋ ◆牛乳…1大匙　◆麵粉…1/2小匙　◆鹽巴…少許

〔製作方法〕

把盛裝洋蔥&鴻喜菇的容器蓋子打開，輕輕蓋上保鮮膜，用微波爐加熱40秒。把牛乳、1大匙的水、麵粉混進耐熱容器，再混入洋蔥&鴻喜菇、日本油菜&玉米。再加熱50秒，並混入鹽巴。

■ 只要在捏製飯糰的期間用微波爐加熱就完成了

鮪魚根莖菜味噌湯

〔材料〕

 鮪魚 ×1個 ＋ 胡蘿蔔、蘿蔔 ×各4條

＋  番薯 ×1次量 （8～9條） ＋ 蔬菜湯 ×1個 ＋ ◆味噌…少許

〔製作方法〕

把鮪魚、胡蘿蔔、蘿蔔、番薯、蔬菜湯、2大匙的水放進耐熱容器，輕輕蓋上保鮮膜，用微波爐加熱1分鐘。用叉子把配菜切碎，混入味噌。

■ 可攝取到蔬菜的主食，成了忙碌早成的一大助力！

青花菜佐芝麻粉飯糰

〔材料〕

 軟飯 ×1個 ＋ 青花菜 ×1個

＋ ◆白芝麻粉…1/2小匙　◆鹽巴…少許

〔製作方法〕

1 把盛裝軟飯的容器蓋子打開，輕輕蓋上保鮮膜，用微波爐加熱1分30秒。青花菜在包著保鮮膜的情況下，直接加熱30秒，切成碎粒後，混進軟飯裡面。

2 分成5等分，用保鮮膜捏製成棒狀的飯糰。裹上混了鹽巴的白芝麻粉。

※飯糰的簡單捏製訣竅請參考P.86。

Friday
❄ 星期五 ❄

▼漢堡排肉醬義大利麵

◀酥炸番薯

晚餐

以肉醬義大利麵為主角的菜單

洋蔥鴻喜菇湯

■ 加熱後再壓碎混合即可！瞬間完成
漢堡排肉醬義大利麵

〔材料〕

 義大利麵 ×1個 ＋ 漢堡排 ×4個 ＋ 切塊番茄 ×2個

＋ ◆麵粉…1/2小匙　◆起司粉…少許

〔製作方法〕

1 義大利麵用微波爐加熱50秒。裝盤。

2 把漢堡排和切塊番茄放進耐熱容器，輕輕蓋上保鮮膜，用微波爐加熱50秒。加入2大匙的水和麵粉，一邊把漢堡排壓碎一邊混入。再加熱50秒，攪拌混和。

3 把步驟②的肉醬淋在步驟①的義大利麵上面，撒上起司粉。

■ 炸油的量只需要1大匙。簡單完成的酥炸
酥炸番薯

〔材料〕 番薯 ×1次量 （8～9條） ＋ ◆麵粉…1小匙　◆油…1大匙

〔製作方法〕

1 把番薯放進耐熱容器，輕輕蓋上保鮮膜，用微波爐加熱30秒後，放涼。把麵粉放進調理碗，用1小匙的水溶解麵粉，讓番薯裹上麵糊。

2 把油倒進平底鍋加熱，倒入步驟①的番薯，酥炸至酥脆程度。

Point 番薯已經熟了，所以只要把表面煎炸酥脆就可以了。

■ 只要趁炸番薯的期間，用微波爐加熱就可以了
洋蔥鴻喜菇湯

〔材料〕

 洋蔥＆鴻喜菇 ×1個

＋ 蔬菜湯 ×1個

＋ ◆醬油…少許

〔製作方法〕

把洋蔥＆鴻喜菇、蔬菜湯、2大匙的水放進耐熱容器，輕輕蓋上保鮮膜，用微波爐加熱1分鐘。混入醬油。

早餐

豆腐蔬菜三色湯

青菜豆腐麵包棒

使用的豆腐分量很多，可以用整塊豆腐來加以運用

← 星期 六 日 的
速成副食品就這麼做吧！

六日不使用冷凍食材，直接用家裡現有的食材快速調理。

▌學習簡單的抓食菜單吧！

抓食頻繁的時期。學習一次快速製作的訣竅吧！

抓食用的麵包一次做起來冷凍

用2～3倍的材料來製作抓食用的麵包，趁溫熱的時候，用保鮮膜包成1餐分量，放涼之後再放進冰箱冷凍。解凍的話，只要使用微波爐的自動加熱功能就可以了。（※有些機種則沒有該功能）

用保鮮膜快速製作丸子

P.87的馬鈴薯海苔起司球，或是一口大小的飯糰在抓食的時期也相當受歡迎。一個一個搓捏很麻煩，不過，只要用保鮮膜包成棒狀，就可以瞬間把白飯分成小分量並搓圓，製作起來更輕鬆！（參考下方的「小巧思」）

|||||| 速成副食品的小巧思 ||||||

😊 飯糰製作器大活躍！

百元商店可以買到的飯糰製作器，只要把白飯放進去，再晃一晃，就可以製作出一口大小的飯糰，相當方便。（安奈媽媽）

這種方法也不錯！

😊 保鮮膜也能簡單製作！

也可以用保鮮膜把白飯包成棒狀，一邊分成小分量一邊搓圓，再從保鮮膜取出。就算沒有道具，仍然可以簡單製作出一口大小的飯糰！

▌豆腐的白、高麗菜的綠、小番茄的紅，營養、色彩都很優

豆腐蔬菜三色湯

〔材料〕
◆木綿豆腐…25g（3cm丁塊）
◆高麗菜…10g（菜葉10cm方形1片）
◆小番茄…2個　◆高湯…3大匙　◆鹽巴…少許

〔製作方法〕

1 用鍋子煮沸熱水，放進高麗菜烹煮。也把小番茄放進相同的鍋裡，快速加熱後，浸泡冷水，放涼，去皮。去除種籽，切成8mm丁塊。高麗菜切成8mm大小，豆腐切成1cm丁塊。

2 用鍋子煮沸高湯，放進高麗菜、豆腐烹煮，加入小番茄，混入鹽巴。

▌可以用鬆餅粉，也可以用麵粉

青菜豆腐麵包棒

〔材料〕
◆鬆餅粉※…4大匙（30g）
◆木綿豆腐…15g（2.5cm丁塊）
◆青江菜（菜葉）…10g（2片）
◆油…1/2小匙　◆鹽巴…少許

※鬆餅粉可以手工製作。如果是上述分量的話，只要把麵粉25g、發酵粉1/8小匙、砂糖1小匙加以混合，就可以了。

〔製作方法〕

1 青江菜的菜葉烹煮後，把水分擠掉，切成細末。放進調理碗，加入豆腐、油、鹽巴，充分混合後，再混入鬆餅粉。把麵粉（分量外）撒在手上，把麵團分成5等分，搓捏成棒狀。

2 排放在鋁箔上面，用烤箱烘烤10分鐘。

Saturday
星期六

晚餐 ▼雞肉洋蔥玉米焗飯

南瓜蘋果優格沙拉

午餐 馬鈴薯青苔起司球

▲凍豆腐青江菜味噌燴飯

用罐頭雞柳和玉米製作出美味味料理

利用乾貨、保存期限較長的青菜和馬鈴薯所製作的菜單

把油和鹽巴混進優格，製成沙拉風格

南瓜蘋果優格沙拉

〔材料〕
◆南瓜…20g（3cm塊狀1塊）
◆蘋果…20g（1/8個）　◆原味優格…1大匙
◆油…1/4小匙　◆鹽巴…少許

〔製作方法〕
南瓜和蘋果切成薄片，切成1.5cm丁塊。放進耐熱容器，淋上1小匙的水，輕輕蓋上保鮮膜，用微波爐加熱1分30秒，放涼。混入優格、油和鹽巴，拌入南瓜和蘋果。

以成人用的白飯製作

雞肉洋蔥玉米焗飯

〔材料〕
◆白飯…70g（或是軟飯80g）
◆雞柳罐頭…1大匙　◆雞柳罐頭湯汁…1小匙
◆洋蔥…15g（厚度1.5cm的梳形切1塊）
◆玉米罐頭…2大匙　◆牛乳…1大匙
◆鹽巴…少許　◆奶油…少許　◆麵包粉…少許

〔製作方法〕
1 洋蔥切成碎粒，放進耐熱容器，淋上雞柳罐頭的湯汁，輕輕蓋上保鮮膜，用微波爐加熱50秒。混入雞柳、奶油玉米、牛乳、鹽巴。

2 在焗烤盤抹上一層薄薄的奶油，把白飯攤平在盤裡，淋上步驟❶的醬料。撒上麵包粉，用烤箱把表面烤成焦色。

添加鐵和鈣豐富的青海苔和起司

馬鈴薯青苔起司球

〔材料〕
◆馬鈴薯…20g（1/6個）　◆青海苔…少許　◆起司粉…少許

〔製作方法〕
1 馬鈴薯切成扇形切，用水清洗。放進耐熱容器，加入2大匙的水，輕輕蓋上保鮮膜，用微波爐加熱1分30秒。

2 把步驟❶的水分瀝乾，用保鮮膜包起來，用手指壓碎，並混入青海苔、起司粉，搓成1cm大小的球形。

凍豆腐也能攝取到鐵和鈣

凍豆腐青江菜味噌燴飯

〔材料〕
◆軟飯…冷凍包1個（或是準備80g）
◆凍豆腐…6g（1/4片或迷你尺寸3個）
◆青江菜…20g（中1片）
◆洋蔥…20g（厚度2cm的梳形切1塊）
◆高湯…100ml　◆砂糖…1/4小匙　◆醬油…1/4小匙
◆味噌…1/4小匙　◆芝麻油…少許　◆太白粉水…1小匙

〔製作方法〕
1 把盛裝軟飯的容器蓋子打開，輕輕蓋上保鮮膜，用微波爐加熱1分30秒。裝盤。

2 凍豆腐用熱水泡軟，切成薄片後，切成8mm丁塊。青江菜、洋蔥切成8mm丁塊。把洋蔥、凍豆腐放進高湯裡烹煮，洋蔥熟透後，加入青江菜。混入砂糖、醬油、味噌、芝麻油、太白粉水，勾芡。淋在步驟❶的軟飯上面。

1歲～1歲6個月（用力咬嚼期）

◀蔬菜烤麩濃湯

南瓜洋蔥牛奶湯▶

▼鮭魚高麗菜炒烏龍

▼胡蘿蔔煎餅

也可以使用星期六沒用完的鬆餅粉

食慾不佳的時候，就派口感絕佳、營養豐富的湯上場吧！

■ 用維他命豐富的胡蘿蔔和蓮藕製作的日式濃湯

蔬菜烤麩濃湯

〔材料〕
◆烤麩…1個（用水泡軟）
◆胡蘿蔔…15g（厚度7mm的片狀1片）
◆蓮藕…20g（厚度1.5mm的片狀1片）
◆高湯…3大匙　◆醬油…少許

〔製作方法〕
把烤麩、胡蘿蔔、蓮藕磨成泥，放進耐熱容器。混入高湯，輕輕蓋上保鮮膜，用微波爐加熱1分鐘。混入醬油。

■ 用鮭魚罐頭和乾麵製作的炒烏龍。蔬菜什麼都OK！

鮭魚高麗菜炒烏龍

〔材料〕
◆涼麵…25g
◆水煮鮭魚罐頭（去除魚刺、魚皮）…1大匙（15g）
◆高麗菜…15g（菜葉12cm方形1片）
◆油…少許　◆醬油…少許

〔製作方法〕
1 把涼麵折成2cm長，烹煮10分鐘。用熱水沖淋鮭魚（也可以使用煮麵的湯汁），把水瀝乾。高麗菜切成8mm大小。

2 把油倒進平底鍋加熱，放進高麗菜拌炒直到呈現光澤後，加入2大匙的水、鮭魚，烹煮至收乾湯汁。混入步驟❶的涼麵、醬油拌炒。

■ 使用保存期限較長的蔬菜所製作的湯

南瓜洋蔥牛奶湯

〔材料〕
◆南瓜…20g（3cm丁塊1個）
◆洋蔥…20g（厚度2cm的梳形切1塊）
◆牛乳…1大匙　◆昆布高湯…100ml　◆太白粉…1/2小匙
◆鹽巴…少許　◆橄欖油…少許

〔製作方法〕
南瓜、洋蔥切成8mm丁塊。放進鍋裡，加入昆布高湯，烹煮至軟爛。加入牛乳和太白粉，一邊把南瓜壓碎混合，一邊烹煮勾芡。混入鹽巴、橄欖油。

■ 加入營養價值高的胡蘿蔔和黃豆粉

胡蘿蔔煎餅

〔材料〕
◆鬆餅粉※…4大匙（30g）
◆胡蘿蔔（磨成泥）…1大匙
◆牛乳…2大匙　◆黃豆粉…1小匙　◆油…少許
※鬆餅粉也可以手工製作。參考P.86。

〔製作方法〕
1 把胡蘿蔔、牛乳、黃豆粉、鬆餅粉混合在一起。

2 把油倒進平底鍋加熱，將步驟❶的麵團倒進平底鍋，攤平成12cm大小。蓋上鍋蓋，把雙面煎成焦色。切成容易食用的大小。

營養價值極高的納豆和
蘿蔔乾是常備的珍寶

◀酥炸馬鈴薯

▶白菜冬粉湯

納豆蘿蔔乾炒飯

也可以享受炒飯裡的
配菜口感

納豆蘿蔔乾炒飯

〔材料〕
◆白飯…70g（或軟飯80g）
◆小粒納豆…1又1/2大匙
◆蘿蔔乾（乾燥）…1小匙（用水泡軟）
◆胡蘿蔔…10g（厚度5mm的片狀1片）
◆芝麻油…少許
◆醬油…少許
◆鹽巴…少許

〔製作方法〕

1 蘿蔔乾、胡蘿蔔切成碎粒後，烹煮。納豆用水清洗，去除黏液。

2 把芝麻油倒進平底鍋加熱，混入步驟❶的蘿蔔乾和胡蘿蔔拌炒。加入納豆翻炒，混入白飯、醬油、鹽巴。

馬鈴薯的維他命C
就算加熱也不容易遭到破壞

酥炸馬鈴薯

〔材料〕
◆馬鈴薯…20g（1/6個）
◆油…1大匙

〔製作方法〕

1 馬鈴薯切成方形1cm×長3cm的棒狀，用廚房紙巾擦掉水分。

2 把油倒進平底鍋加熱，放入步驟❶的馬鈴薯，酥炸至熟透。

※只要使用製作炒飯之前的平底鍋就可以了。

Point 酥炸後，再接著製作炒飯，就可以一個平底鍋搞定。

搭配冬粉的蔬菜
只要是家裡現有的，都OK

白菜冬粉湯

〔材料〕
◆冬粉…5g
◆白菜…20g（菜葉10cm方形2片）
◆高湯…4大匙
◆醬油…少許

〔製作方法〕

冬粉烹煮後，把水分瀝乾，切成碎粒。白菜切成1cm丁塊。把高湯放進鍋裡煮沸，放進白菜烹煮。混入冬粉和醬油。

清楚 搞懂該為寶寶 準備多少？

※下表是選擇1種食材時的標準量。蔬菜的食量增加後，就使用多種種類吧！
1餐使用2種蛋白質來源時，就遵守各採取一半分量的適當方式吧！

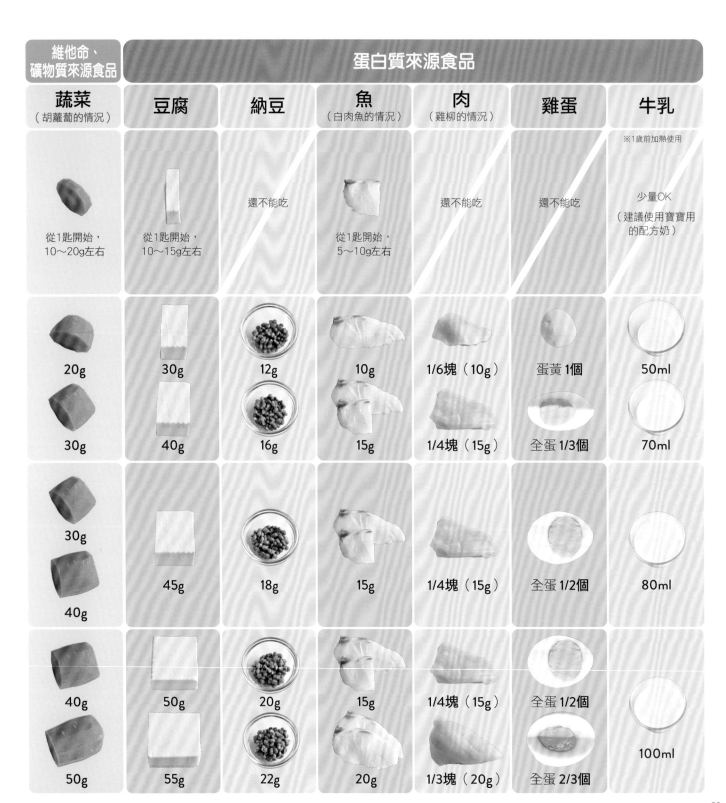

維他命、礦物質來源食品	蛋白質來源食品					
蔬菜 （胡蘿蔔的情況）	豆腐	納豆	魚 （白肉魚的情況）	肉 （雞柳的情況）	雞蛋	牛乳
從1匙開始， 10～20g左右	從1匙開始， 10～15g左右	還不能吃	從1匙開始， 5～10g左右	還不能吃	還不能吃	※1歲前加熱使用 少量OK （建議使用寶寶用的配方奶）
20g 30g	30g 40g	12g 16g	10g 15g	1/6塊（10g） 1/4塊（15g）	蛋黃 1個 全蛋 1/3個	50ml 70ml
30g 40g	45g	18g	15g	1/4塊（15g）	全蛋 1/2個	80ml
40g 50g	50g 55g	20g 22g	15g 20g	1/4塊（15g） 1/3塊（20g）	全蛋 1/2個 全蛋 2/3個	100ml

90

按月齡分類 1餐 標準量速查表

這裡把各種食品1次的標準分量製成表格。由於食量和副食品的進展情況有極大的個人差異，因此，此表僅供參考。

熱量來源食品

	白飯	吐司（照片是 8 片切）	細麵（乾麵）

5～6個月 吞嚥期

前半 → 後半

1餐 ▼ 2餐

調理蔬菜或蛋白質來源時的硬度、大小的標準

●硬度●
製成濃湯狀或是優格狀，比較容易吞嚥。

●大小●
〔前半〕磨碎或過篩稀釋成柔滑的糊狀。
〔後半〕逐漸減少水分。

10倍粥
從1匙開始
2～3大匙
（30～40g）左右

※分量的數值是扣除吐司邊的數值

6個月以後再開始，會比較保險

從1匙開始
1/6片（6g）左右

6個月以後再開始，會比較保險

從1匙開始
5g左右

7～8個月 含住壓碎期

前半 → 後半

2餐

●硬度●
製成嫩豆腐程度，可用舌頭壓碎的硬度。

●大小●
〔前半〕磨碎或切成細末。
〔後半〕切成3mm的細末，或是搓散。

7倍粥 50g

7倍粥 80g

1/4片（15g）

1/2片（20g）

10g

15g

9～11個月 輕度咀嚼期

前半 → 後半

3餐

●硬度●
製成香蕉程度，可用牙齦壓碎的硬度。

●大小●
〔前半〕切成5mm丁塊或是搓成碎末。
〔後半〕8mm的丁塊或長度2cm的棒狀，或是搓散成1cm。

5倍粥 80g

軟飯 80g

1/2片（20g）

3/4片（30g）

20g

25g

1歲～1歲6個月 用力咬嚼期

前半 → 後半

3餐 + 補食（點心）1～2次

●硬度●
肉丸程度。為了學習咬嚼能力，採用各種不同的軟硬度。

●大小●
〔前半〕切成 1cm 的丁塊或是搓成1cm 碎末。
〔後半〕棒狀或扇形切、滾刀切、一口大小等各種形狀。

軟飯 90g

白飯 80g

3/4片（30g）

1片（40g）

30g

避免的食物清單

符號代表的意思
　…只要形狀符合發展時期就可以吃。
　…只要注意控制分量就可以吃。
　…不容易消化，味道較濃，不適合吃。

分類	食物					說明
肉	雞柳	×	●	●	●	吃慣豆腐、白肉魚後，最適合用來作為第一次吃的肉。
	肝臟	×	▲	●	●	分別試過雞、豬、牛肉之後，偶爾用來給寶寶補充鐵質。
	雞胸肉、雞腿肉	×	▲	●	●	吃慣雞柳後。去除外皮和脂肪，確實切碎。
	豬紅肉	×	×	●	●	吃慣雞肉後。去除脂肪，充分加熱並切碎。
	牛紅肉	×	×	▲	●	因為容易腐爛，所以要趁新鮮使用。去除脂肪後，充分加熱。
	香腸、培根、火腿	×	×	×	▲	因為有鹽分、脂肪、添加物的疑慮。所以要預先川燙，並使用少量。
	明膠	×	●	●	●	如果不擔心過敏，7～8個月之後就可以開始食用。

維他命 礦物質來源食品

分類	食物					說明
蔬菜	胡蘿蔔	●	●	●	●	帶有甜味，加熱後會變軟，所以最適合用來製作副食品。
	南瓜	●	●	●	●	鬆軟的口感和甜味，寶寶最愛。
	蘿蔔、蕪菁	●	●	●	●	削掉略厚的外皮後烹煮。1歲以後也可以製作成棒狀。
	番茄	●	●	●	●	1歲之前要去除外皮和種籽。加熱後，甜味就會倍增。
	青花菜、花椰菜	●	●	●	●	把菜穗烹煮軟化。菜莖的使用要在1歲以後。
	白菜、高麗菜	●	●	●	●	切成略大塊，烹煮後切碎，就可以讓口感更好。
	萵苣	●	●	●	●	纖維較多，所以要烹煮軟化後，再切碎成容易食用的大小。
	菠菜、日本油菜	●	●	●	●	8個月之前只吃菜葉。烹煮去除澀味後，再進行調理。
	茄子	▲	●	●	●	去皮、去除澀味後，加熱。吃慣其他蔬菜後，逐漸少量增加。
	小黃瓜	▲	●	●	●	加熱後使用。剛開始磨成泥，習慣之後則切碎。
	青椒、甜椒	×	▲	●	●	帶有甜味的甜椒，比較容易入口。去皮後使用。
	秋葵	×	●	●	●	去除種籽，烹煮軟化。也可以用於勾芡。
	綠蘆筍	▲	●	●	●	使用菜穗的柔軟部分。也可以用於抓食。
	蓮藕	×	×	▲	●	纖維較多且硬，所以1歲之前要磨成泥使用。
	豆芽菜	×	×	●	●	即便煮過仍然不好咬，所以要切成細末，9個月以後再使用。
	長蔥、小蔥、韭菜	×	▲	●	●	切成碎末，烹煮軟化，從少量開始。
	洋蔥	●	●	●	●	切成大塊烹煮比較容易變軟，同時也會產生甜味。
	蒜頭、薑	×	×	▲	▲	9個月以後，可以試著在料理裡面添加少量。
	蒟蒻	×	×	×	▲	1歲以後，可以切成碎末，試著在料理裡面添加少量。
香菇、海藻	香菇類	×	×	▲	●	去除蒂頭，切成細末，從少量開始。
	裙帶菜	×	×	●	●	鹽藏裙帶菜要確實脫鹽後，烹煮軟化。
	羊栖菜	×	×	●	●	泡軟後烹煮軟化，切成細末後使用。
	海苔	×	×	●	●	如果太大塊，恐怕會噎到，所以要撕成碎片。
	洋菜粉	×	×	●	●	把寒天凍製作得軟一點，或是切成細碎。
水果	香蕉	●	●	●	●	可不加熱軟化，直接餵食。也建議用來補充熱量來源。
	草莓	●	●	●	●	5～6個月的時候，要過篩去除種籽後，再給寶寶吃。
	桃子	●	●	●	●	磨碎後，從5～6個月開始可省略加熱，直接餵食。
	柑橘	●	●	●	●	1歲前削除薄皮。5～6個月製成果汁或磨成泥。
	蘋果、梨子	●	●	●	●	果肉堅硬，所以1歲前要加熱，或是磨成泥。
	奇異果	×	×	▲	●	酸味強烈，所以7～8個月開始切碎，從少量開始。
	西瓜、哈密瓜	●	●	●	●	去除種籽後，搗碎或切碎。

調味料等

分類	食物					說明
	鹽巴、醬油、味噌	×	×	●	●	運用素材的風味，只使用極少量。
	砂糖	×	▲	●	●	使用極少量。建議含礦物質等的蔗糖或是甜菜糖。
	奶油、油	×	×	●	●	少量使用，用來增添料理的風味和濃郁。
	番茄醬	×	×	×	●	因為含有鹽分、糖分、辛香料，所以只使用極少量來增添風味。
	美乃滋	×	×	×	▲	如果對雞蛋不會過敏，可使用少量調味。
	醬汁、咖哩粉	×	×	×	▲	辛香料較多且刺激性強，因此，要從1歲以後開始，使用極少量。
	蜂蜜	×	×	×	●	有罹患嬰兒肉毒桿菌症的風險。1歲以後開始，一邊觀察狀況。
	柴魚片	×	●	●	●	若是用於高湯或是增添風味的話，就採用細末。
	芝麻	×	×	▲	●	先使用少量，確認沒有過敏後，可用芝麻粉來增添風味。

按月齡分類　對寶寶有益和建議

●不知道該從何時開始、讓寶寶吃什麼的話，就先看看這份清單吧！

食品名稱		5～6個月	7～8個月	9～11個月	1歲～1歲6個月	餵食方法、注意事項
熱量來源食品						
米、麵包	白米	●	●	●	●	容易消化，所以一開始就可當副食品。玄米則要1歲以後，烹煮軟一點。
	吐司	▲	●	●	●	要注意小麥過敏的問題。5～6個月的後半，吃慣米飯後就可以吃。
	圓麵包	×	×	▲	●	脂質較多，需要加注意。外皮較硬，所以要切成薄片。
	麻糬	×	×	×	×	有噎到的風險，所以即便是1歲6個月之後，仍要多加注意。
麵類	烏龍麵	▲	●	◑	●	具有彈性，就算不讓5～6個月的寶寶吃也沒關係。
	細麵、涼麵	▲	●	●	●	鹽分較多，所以烹煮後用水清洗再進行調理。
	義大利麵、通心粉	×	▲	●	●	較有彈性，不容易咬斷，所以建議9個月之後再吃。
	蕎麥麵	×	×	×	▲	擔心嚴重的過敏問題，所以1歲以後再從少量開始。
	中華麵	×	×	▲	●	烹煮軟化後使用。不使用隨附的醬料。
其他	馬鈴薯	●	●	●	●	最適合用於副食品。發芽或綠皮的部分含有毒素，不可以使用。
	番薯	●	●	●	●	自然的甜味很受寶寶喜愛，沒有食慾時相當好用。
	芋頭	×	▲	●	●	含有令皮膚搔癢的成分。少量餵食，一邊觀察情況吧！
	玉米片	×	×	▲	●	使用不含砂糖的原味類型，軟化後壓碎使用。
	鬆餅粉	×	×	▲	●	含有砂糖，所以不要一次給太多。
蛋白質來源食品						
黃豆製品	豆腐	●	●	●	●	烹煮後餵食。剛開始先使用嫩豆腐，習慣後使用木綿豆腐。
	豆漿	×	●	●	●	使用無糖且原味的類型，加熱後使用。
	黃豆粉	▲	●	●	●	為避免嗆到，要混進粥裡面餵食。營養豐富，同時也是增添風味的至寶。
	納豆	×	●	●	●	剛開始先用碾割納豆，9個月開始使用小粒納豆。剛開始要先加熱後再使用。
	凍豆腐	×	●	●	●	用水泡軟，壓碎或切碎，烹煮使用。
	黃豆（水煮）	×	▲	●	●	進一步烹煮軟化，剝除消化不易的薄皮，切碎後餵食。
蛋	雞蛋	×	▲	●	●	煮熟的蛋黃從1小匙開始。習慣蛋黃之後，便可開始吃全蛋。
魚貝類	真鯛	●	●	●	●	脂質較少，所以從6個月開始，剛開始先使用白肉魚。
	比目魚、鰈魚	●	●	●	●	6個月開始使用。肉質乾柴時，只要補充水分，就會比較容易食用。
	鱈魚	▲	●	●	●	使用生鱈魚，不要使用醃漬鱈魚。習慣其他白肉魚後再使用。
	鮭魚	×	●	●	●	鹽鮭NG。從習慣白肉魚的7～8個月開始，生鮭魚加熱使用。
	鮪魚、鰹魚	×	●	●	●	紅肉鮪魚，鰹魚在9個月之前要刮除血合肉。生魚片比較方便。
	旗魚	×	▲	●	●	脂質比鮪魚多，從習慣鮪魚的8個月之後開始吃。
	竹莢魚、沙丁魚、秋刀魚	×	×	●	●	脂質較多，從習慣紅肉魚之後的9個月開始，去除皮和魚刺，搓散食用。
	鯖魚	×	×	●	●	使用無食鹽的生鯖魚，趁新鮮加熱使用。
	花蛤	×	×	×	●	具有彈性，不容易咬斷，所以要切成細末。1歲以後開始吃。
	牡蠣	×	×	▲	●	為預防食物中毒，要切碎後使用。充分加熱。
	蝦、蟹	×	×	▲	●	如果不會過敏，就切碎後從少量開始。櫻花蝦含有豐富的鈣質。
	花枝、章魚	×	×	×	×	具有彈性，不容易咬斷，所以不可當副食品。
	魩仔魚乾	▲	●	●	●	容易消化，從5～6個月開始使用。川燙脫鹽後再使用。
	鮪魚（罐頭）	×	●	●	●	使用水煮且不添加食鹽的種類。7～8個月之前要川燙脫鹽使用。
	水煮鯖魚罐	×	×	●	●	水煮種類仍含有鹽分，所以要川燙，去除魚刺和皮。
	魚餅、竹輪	×	×	×	▲	烹煮，去除鹽分之後，再調理。偶爾使用少量的程度。
	魚板	×	×	×	▲	鹽分、添加物很多，沒辦法咬斷，所以1歲以後再要烹煮切碎。
	蟹味魚板	×	×	×	▲	含有食鹽、添加物，不容易消化，所以1歲以後先使用少量。
乳製品	原味優格	▲	●	●	●	使用無糖的原味優格。也建議用於拌物。
	加工起司	×	×	●	●	鹽分、脂質較多，所以僅於調味上使用少量。
	牛乳	▲	●	●	●	加熱後用於料理，從少量開始使用。1歲以後可直接飲用。

94

食材類別索引

標有◆符號的是，使用非冷凍食材的料理。

頁數的數字是以時期別來分色。

PROFILE

中村美穗 Nakamura Miho（料理製作、造型）

管理營養師兼食品管理師。除了憑藉過去在幼兒園以營養師的身分，負責幼兒餐飲製作與飲食育兒活動、副食品教室等經驗，開設料理教室之外，亦參與書籍、雜誌的食譜編寫與監修工作。育有兩個兒子。著有《完美又簡單的副食品（きちんとかんたん離乳食）》（嬰兒與母親）、《1〜3歲 幫助成長的幼兒飲食（1〜3歲 発達を促す子どもごはん）》（日東書院本社）等多本著作。

美味且愉快的飲食時間Cooking room
http://www.syokujikan.com

TITLE

寶寶營養常備菜

STAFF

出版	瑞昇文化事業股份有限公司
作者	中村美穗
譯者	羅淑慧
總編輯	郭湘齡
文字編輯	徐承義 蔣詩綺 李冠緯
美術編輯	孫慧琪
排版	二次方數位設計
製版	昇昇興業股份有限公司
印刷	桂林彩色印刷股份有限公司
法律顧問	經兆國際法律事務所 黃沛聲律師
戶名	瑞昇文化事業股份有限公司
劃撥帳號	19598343
地址	新北市中和區景平路464巷2弄1-4號
電話	(02)2945-3191
傳真	(02)2945-3190
網址	www.rising-books.com.tw
Mail	deepblue@rising-books.com.tw
初版日期	2019年1月
定價	320元

ORIGINAL JAPANESE EDITION STAFF

デザイン	甲斐順子
撮影	武井メグミ
執筆協力	東 裕美
校正・校閲	ヴェリタ
イラスト	高村あゆみ
撮影協力	麗タレントプロモーション
編集協力	オメガ社

國家圖書館出版品預行編目資料

寶寶營養常備菜：營養師研發的健康副食品 / 中村美穗著；羅淑慧譯. -- 初版. -- 新北市：瑞昇文化, 2019.01
96 面；21X25 公分
ISBN 978-986-401-295-4(平裝)

1.育兒 2.食譜 3.小兒營養

428.3　　　　　　　107021702

Isshukanbun Matomete Tsukuru Freezing & Jitan Rinyusyoku
Copyright © 2017 by Miho Nakamura
First published in Japan in 2017 by Ikeda Publishing, Co.,Ltd.
Traditional Chinese translation rights arranged with PHP Institute, Inc.
through Daikousha Inc., Japan. Co., Ltd.